BIOSENSORES EN LA INDUSTRIA

Beatriz Elena Soledad Rodríguez

ÍNDICE DE CONTENIDO

INTRODUCCIÓN

El nivel de investigación actual en química y en biología ha permitido la creación de nuevos sistemas de análisis, y esto se debe entre otros factores, al crecimiento en la información disponible relacionada con la estructura de los compuestos y su actividad fisiológica, la elaboración y desarrollo de nuevos métodos de síntesis (incluyendo las enzimáticas) y la amplia aplicación de los métodos de ingeniería genética (Varfolomeyev, et al 2002).

Es por esto que la búsqueda de métodos de control, y detección cualitativa y cuantitativa, con una alta sensibilidad y rapidez, ha dado origen a nuevas tecnologías analíticas entre las que se encuentran los biosensores.

Se puede decir que un sensor es un dispositivo que detecta o mide una propiedad física y graba, indica o da otra respuesta a esta. Por otra parte un sensor químico es un dispositivo que responde a un analito en particular, en forma selectiva, a través de una reacción química y puede ser usado para la determinación cualitativa o cuantitativa del analito.

La IUPAC define a un sensor químico como aquel dispositivo que transforma una señal analítica de utilidad (Hulanicki A., Głąb S., Ingman F. 1991).

Pérez Conde, C (1996), lo define como un dispositivo capaz de registrar de forma directa, continua y reversible un parámetro físico (sensor físico) o la concentración de una especie química (sensor químico)

Los sensores químicos se caracterizan por integrar un receptor y un transductor que son responsables respectivamente del reconocimiento molecular y de la transformación de la interacción analito-receptor en una señal medible que debe ser procesada y registrada.

Los sensores pueden dividirse en tres tipos (Eggins, B. 2002): los sensores físicos utilizados para medir parámetros tales como la distancia, masa, temperatura, presión, humedad, velocidad de flujo; los sensores químicos que transforman una información química, como por ejemplo una variación en la concentración, en una señal medible y analíticamente útil, en otras palabras miden las sustancias químicas por sus respuestas químicas o físicas; y los biosensores que miden las sustancias utilizando como sistema de reconocimiento un elemento biológico sensible.

Estos dispositivos están conectados a un transductor, el cual es un dispositivo que convierte un cambio observado (físico o químico) en una señal medible, para que ocurra una respuesta visible observable. Normalmente los sensores químicos y los biológicos se relacionan con la sensibilidad y medida de los químicos particulares, los cuales pueden ser o no biológicos por si mismos.

Para ilustrar lo anteriormente descrito, en la figura N° 1 se muestra el diagrama de un sensor químico.

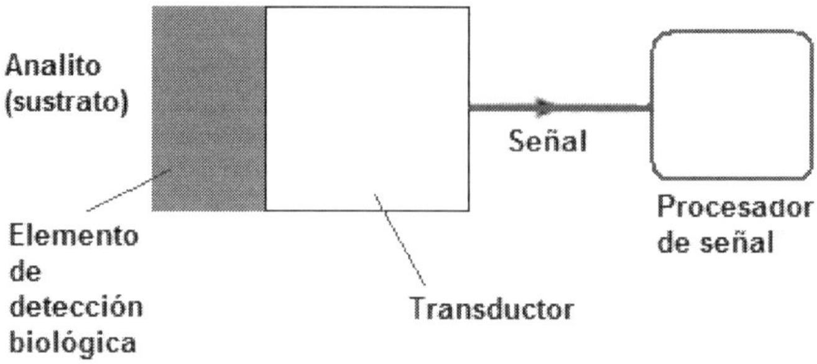

Figura N° 1. Diagrama de un sensor químico

Los biosensores son un subconjunto de los sensores químicos, y pueden definirse como un dispositivo analítico que convierte una respuesta biológica en una señal eléctrica. Ellos acoplan la capacidad de los compuestos biológicos a reconocer selectiva y sensitivamente una sustancia o grupo de sustancias con sistemas desarrollados con alto poder de detección.

Están caracterizados por un receptor de origen biológico, que componen un material biológico inmovilizado (tal como enzima, anticuerpo, célula entera, orgánulo (bacterias), o combinaciones de los mismos) el cual está en contacto con un sistema transductor adecuado que convierte la señal bioquímica en una señal eléctrica cuantificable.

El primer biosensor fue un analizador de glucosa desarrollado por Clark y Lyons en 1962 y fue comercializado a partir de 1975; éste consistía en una enzima glucosa oxidasa acoplada a un electrodo para oxígeno. Posteriormente se desarrollaron electrodos enzimáticos para distintas sustancias de interés clínico, uniendo enzimas apropiadas a sensores electroquímicos. (González, V et al. 2005)

Los biosensores son usados, frecuentemente, para determinar la concentración de sustancias y otros parámetros de interés biológico y representan un campo en rápida expansión, con un mayor uso en la industria del cuidado de la salud (por ejemplo el uso del biosensor para la glucosa en los diabéticos); sin embargo, existe un gran interés en ellos en la industria de alimentos y del medioambiente. La investigación y desarrollo en este campo es amplia y multidisciplinaria, contando con la bioquímica, la ciencia de los birreactores, la físico-química, la electroquímica, la electrónica y la ingeniería del software.

Frecuentemente se utiliza la inmovilización de moléculas biológicas, por adsorción física directa, para el desarrollo de los biosensores (Starodub, V et al 2003)

La respuesta biológica del biosensor es determinada por la membrana biocatalítica, lográndose la conversión del reactivo a producto. Las enzimas inmovilizadas poseen condiciones ventajosas que las hacen aplicables para su uso en tales sistemas.

Los biosensores pueden ser reusados, lo cual asegura que la misma actividad catalítica esté presente en una serie de análisis, lo cual es importante para la obtención de resultados reproducibles, seguros y también para evitar las dificultades asociadas con el pipeteo repetido de enzimas libres.

Muchas enzimas están intrínsecamente estabilizadas por los procesos de inmovilización pero incluso si esto no ocurre, usualmente se presenta una estabilización aparente considerable. Es normal usar un exceso de la enzima dentro del sensor de enzima inmovilizada, para asegurar un incremento en la estabilización aparente de la misma.

La inmovilización de enzimas es un proceso en el que se confina o localiza a la enzima en una región definida del espacio, para dar lugar a formas insolubles que retienen su actividad catalítica y que pueden ser reutilizadas repetidamente (Arroyo, M. 1998). Entre las ventajas del empleo de enzimas inmovilizadas se destacan el aumento de la estabilidad de la enzima, la posible reutilización del derivado, por lo que disminuyen los costos del proceso, la posibilidad de diseñar un reactor enzimático de fácil manejo y control, adaptado a la aplicación de la enzima inmovilizada. Sin embargo, también existen inconvenientes en la inmovilización tales como la alteración de la conformación de la enzima respecto de su estado nativo, la gran heterogeneidad del sistema enzima-soporte donde pueden existir distintas fracciones de proteínas inmovilizadas con un diferente número de uniones al soporte, la pérdida de actividad de la enzima durante la movilización y el costo del biocatalizador, el cual es mayor que la enzima nativa.

Cualquier decaimiento en la actividad se incorpora fácilmente en un esquema analítico, interpolando estándares entre los análisis de muestras desconocidas Por esas razones, muchos sistemas de enzimas inmovilizadas son re-usables por encima de 10.000 veces en un período de tiempo de algunos meses, lo que constituye un ahorro considerable en término del costo relativo al uso analítico de enzimas solubles.

Cuando ocurre la reacción en una membrana de enzima inmovilizada de un biosensor, ésta está limitada por la velocidad de difusión externa. El biocatalizador origina un cambio proporcional en la velocidad de reacción, en respuesta a la concentración del reactante (sustrato) en un rango lineal. La velocidad de reacción es independiente del pH, la fuerza iónica, la temperatura y los inhibidores, evitando los problemas encontrados frecuentemente debido a la variabilidad de muestras analíticas reales (como por ejemplo el caldo de fermentación, la sangre y la orina) y las condiciones externas. El control de respuesta del biosensor por la difusión externa del analito puede fomentarse por el uso de membranas permeables entre la enzima y la mayor parte de la solución.

Composición de un biosensor

Para construir un biosensor es necesario que se disponga de los siguientes componentes: un biocatalizador, un transductor, un amplificador, un procesador y un visualizador.

El biocatalizador convierte el sustrato a producto, esta reacción es determinada por el transductor el cual la convierte a una señal analítica. La salida del transductor es amplificada, procesada y visualizada. En la figura 2 se presenta un diagrama esquemático de un biosensor, en el cual se muestran sus principales componentes (Biocatalizador, Transductor, Amplificador, Procesador y Visualizador)

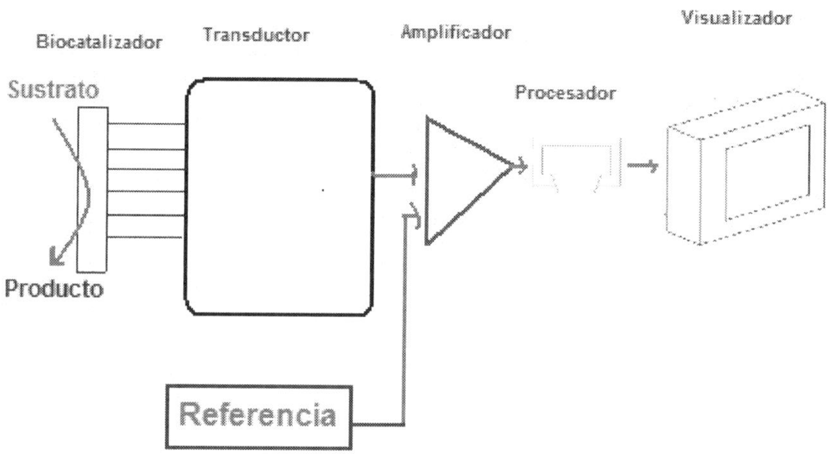

Figura 2. Diagrama esquemático mostrando los componentes principales de un biosensor.

La pieza clave de un biosensor es el transductor, el cual hace uso de un cambio físico que acompaña a la reacción; estos cambios pueden ser:

Cambio en la distribución de las cargas causando la producción de un potencial eléctrico, estos son los llamados biosensores potenciométricos.

Cambios en el movimiento de los electrones producidos en una reacción redox, por lo que se hablaría de biosensores amperométricos.

Efectos debidos a las masas de los reactantes o de los productos, y se hablaría de biosensores piezo-eléctricos.

El calor emitido (o absorbido) por la reacción, en cuyo caso serán biosensores calorimétricos.

Cambios que pudieran observarse como la emisión de luz durante la reacción o de una diferencia en la absorbancia, en cuyo caso se hablaría de biosensores ópticos.

En la tabla N° 1, se presentan diversos transductores y sus aplicaciones

Tabla N° 1. Diversos transductores y sus aplicaciones

Categoría	Principio	Ejemplos
Electroquímico	**Potenciométrico:** depende de los cambios en el potencial de un sistema a corriente constante	Electrodos selectivos de iones, transistores con efecto de campo selectivo de iones
Electroquímico	**Amperométrico:** detecta cambios en la corriente como una función de la concentración de especies electro activas	Sensores de gas de electrolito sólido, narices electrónicas
Óptico	Enlaza los cambios en la intensidad de la luz a cambios en la masa o concentración, por lo que deben estar presentes moléculas fluorescentes o colorimétricas	Fibras ópticas, resonancia de plasmón de superficie, absorbancia, luminiscencia
Piezoeléctrico	Sensible a cambios en la masa, densidad, viscosidad y fenómenos de acoplamiento acústico	Sensores de onda de superficie acústica
Térmico	Detecta cambios en la temperatura	Sensores calorimétricos.

Los biosensores basados en electrodos de membrana, son interesantes desde el punto de vista analítico porque se pueden determinar moléculas orgánicas complejas con la conveniencia, velocidad y facilidad que caracteriza a las medidas selectivas de iones de especies inorgánicas, así como porque la biocatálisis permite que tengan lugar reacciones en condiciones suaves de temperatura y pH y con concentraciones mínimas de sustrato, y por último porque combinando las selectividades de la reacción enzimática y de la respuesta del electrodo se obtienen procedimientos que evitan la mayor cantidad de interferencias (Skoog, D., y Leary, J. 1994)

Los procedimientos enzimáticos tienen como limitación el elevado costo de las enzimas, siendo más notable en análisis de rutina, o en continuo, lo que ha traído como consecuencia el desarrollo de técnicas con enzimas inmovilizadas. La inmovilización de enzimas se puede llevar a cabo de diversas formas, las cuales incluyen la captura física en un gel de polímero, la adsorción física en un soporte inorgánico poroso como por ejemplo la alúmina, el enlace covalente de la enzima con una superficie sólida tal como cuentas de vidrio o un polímero o la copolimerización de la enzima con un monómero adecuado.

Cabe destacar que existen tres generaciones de biosensores, los de primera generación, que son aquellos en los cuales el producto normal de la reacción se difunde al transductor y causa la respuesta eléctrica; los de segunda generación que involucran mediadores específicos entre la reacción y el transductor con el fin de generar una respuesta mejorada; y los de tercera generación, donde la reacción por si misma causa la respuesta y el producto o el mediador de la difusión no está involucrado directamente.

Es importante indicar que la señal eléctrica desde el transductor es frecuentemente baja, y está superpuesta a una línea de base relativamente baja y ruidosa (contiene un componente de señal de alta frecuencia, de una naturaleza aparentemente azarosa debido a la interferencia eléctrica o es generada dentro de los componentes electrónicos del transductor). El procesamiento de la señal normalmente involucra sustracción de una señal de línea base de referencia derivada de un transductor similar sin una membrana biocatalítica (una señal sencilla), amplificando la diferencia de señal resultante y filtrando electrónicamente (sin vibraciones) la señal ruidosa no deseada. La naturaleza de la respuesta del biosensor relativamente lenta, facilita considerablemente el problema del filtrado del ruido eléctrico. La señal análoga producida en esta etapa puede salir directamente; sin embargo, usualmente se convierte a una señal digital y se pasa a un microprocesador donde son procesados los datos, se convierte a unidades de concentración y se lleva a un dispositivo de visualización o almacenamiento de datos.

Características de los Biosensores

Los dispositivos biosensores deben tener algunas características específicas entre las que se encuentran:

Alta selectividad

Esta es una de las características mas importante de los sensores, ya que deben poder discriminar entre diferentes sustancias. Cada comportamiento es principalmente una función de un componente selectivo, a pesar que algunas veces la operación del transductor contribuye a su selectividad.

Rango de sensibilidad

Para poder se utilizados en el análisis de diferentes analitos, los biosensores deben tener una alta sensibilidad, pudiendo encontrarse detecciones de partes por billón (ppb), o en rangos sub-milimolares, y en casos especiales puede bajar a fentomolar (10^{-15} M)

Exactitud

Los biosensores deben tener una alta exactitud, siendo necesario que sea mejor a ± 5 %.

Naturaleza de la solución

Deben considerarse condiciones tales como el pH, la temperatura y la fuerza iónica.

Tiempo de respuesta.

Los biosensores deben tener tiempos de análisis cortos para cuantificar oportunamente el compuesto bajo análisis. Usualmente los biosensores tienen tiempos de respuesta más largos que los sensores químicos.

Tiempo de recuperación

Este es el tiempo que comprende antes de que el sensor esté listo para analizar la próxima muestra, y no debe ser mayor a unos pocos minutos, con la finalidad de realizar varios análisis en un tiempo relativamente corto.

Largo tiempo de vida de trabajo.

El tiempo de vida debe ser lo suficientemente largo como para que no obligue al empleo del dispositivo tras un corto período desde su fabricación, ni a sustituciones frecuentes del mismo. Este tiempo de vida, usualmente se determina por la estabilidad del material selectivo. Para los materiales biológicos el tiempo de vida puede ser tan corto como unos pocos días, a pesar de que frecuentemente es de unos pocos meses o más.

Bajo costo de producción.

Los biosensores deben tener bajos costos de producción, para que puedan ser fabricados a escala industrial, sin embargo hay que tener presente que, la disponibilidad limitada de algunas enzimas y la existencia de fases críticas en su construcción (procesos de inmovilización) dificultan, en algunos casos, la fabricación de biosensores en masa.

No requiere pre-tratamiento de la muestra

En lo posible, los biosensores ópticos deben ser capaces de realizar las determinaciones con poco o ningún pre-tratamiento de la muestra.

Manejo sencillo

La tecnología del uso de biosensores debe ser lo suficientemente sencilla como para no requerir personal cualificado para su uso.

Portátiles

Los biosensores deben ser equipos portátiles para poder realizar análisis *in situ*.

Automatizables

Para poder utilizar los biosensores en sistemas de monitoreo industrial, éstos deben ser automatizables.

Multi-análisis

La búsqueda de biosensores que sean capaces de determinar simultáneamente diferentes analitos es cada vez mayor, por esto se persigue que los biosensores puedan efectuar análisis de múltiples analitos.

Clasificaciones de los sensores

Existen diversas clasificaciones de sensores, y éstas dependen de diversos aspectos. Pérez Conde, C (1996) los clasifica en:

Según la función de la naturaleza del parámetro a cuantificar, en sensores químicos y sensores físicos; según el tipo de interacción con el analito, en sensores reversibles (no consumen reactivo) o irreversibles (consumen reactivo).

En función de la propiedad óptica medida, en sensores de absorbancia, de reflectancia, de luminiscencia, de dispersión Raman, de Índice de Refracción, entre otros.

Según la función que ejerce la fibra óptica, en optrodos pasivos o extrínsecos (no necesitan transductor), en optrodos semiactivos o activos extrínsecos (se emplea un transductor que modifica sus propiedades ópticas en respuesta al parámetro o analito medido), y optrodos activos o intrínsecos (en ellos la fibra óptica actúa tanto como transductor como de conductor de la radiación electromagnética).

Según la configuración del sensor en sensores tipo sonda y sensores tipo célula de flujo (integrados en un sistema de flujo).

Tipos de Biosensores

En esta sección se presentaran diferentes biosensores utilizados para fines analíticos, utilizando como base el sistema de transducción (Tabla N° 1).

Biosensores Potenciométricos.

Los biosensores potenciométricos hacen uso de electrodos selectivos de iones para transducir la reacción biológica en una señal eléctrica. Consta de una enzima inmovilizada en una membrana circundante al recipiente de un pHmetro, donde la reacción catalizada genera o absorbe iones hidrógeno. La reacción causa un cambio en el pH el cual puede leerse directamente desde el visor del pHmetro. En estos electrodos se determina el potencial a una muy alta impedancia, dando un flujo de corriente de cero y no causa interferencia con la reacción.

Entre los electrodos selectivos de iones que pueden utilizarse en los biosensores se encuentran los electrodos de vidrio para cationes (electrodos normales de pH) y los electrodos de pH de vidrio cubiertos con una membrana de gas permeable selectiva para el CO_2, NH_3 o H_2S.

Clínicamente es importante la detección y estimación de los triglicéridos y de la urea, debido a esto Basu, I et al (2004), fabricaron un biosensor potenciométrico basado en silicona y silicona porosa y estimaron los triglicéridos y la urea basados en reacciones enzimáticas. El sensor fabricado es un electrolito-aislador semiconductor condensador (EISCAP) el cual al cambiar el pH del electrolito, mide cambios en la corriente, y debido a que muchas reacciones biológicas involucran cambios en el pH del electrolito, este dispositivo puede ser usado como un biosensor.

Por otra parte, para determinar penicilina, Thust, M et al. (1996), aplicaron silicón poroso como sustrato a biosensores potenciométricos que operan en solución acuosa. Se preparó el silicón poroso a partir de diferentes sustratos de silicón, dopados por un proceso estándar de impresión anódica. Después de la oxidación, se enlazó la penicilinasa (una enzima sensitiva a la penicilina) a la estructura porosa por adsorción física.

Para fabricar sensores potenciométricos de pH basados en polietilenimina lineal y polipropilenimina lineal (dos enzimas sintéticas y biocompatibles con polímeros) Lakard, B et al. (2004), prepararon películas por electropolimerización de tres monómeros diferentes: etilendiamina, 1,3-diaminopropano y dietilentriamina, para ser usadas en aplicaciones clínicas, dermatológicas y biológicas, así como para el análisis *in vivo.* El biosensor miniaturizado de pH fue fabricado usando fotolitografía, seguido por procesos de chisporroteo y despegue, e incluyó un sistema de detección electrónico. Los autores encontraron que este dispositivo fue estable por un tiempo aproximado de un mes y es una alternativa al sensor de pH usado corrientemente en dermatología.

Con relación al análisis de sustancias tóxicas, Gaberlein, S., Spener, F y Zaborosch, C. (2000) desarrollaron biosensores potenciométricos usados para la determinación de insecticidas organofosforados, aplicando tanto células completas inmovilizadas como fracciones de la membrana citoplasmática de *Flavobacterium sp.* tipo salvaje, sobre la superficie de un electrodo de pH de vidrio, utilizando prepolímero poli(carbamoil sulfonato); el cual es un gel con buenas propiedades adhesivas) para la inmovilización de las células enteras. Los autores demostraron la habilidad de la *Flavobacterium sp.* para degradar los compuestos organofosforados, como el paration, con una velocidad de degradación de casi 100 % después de 30 min y para el clorpirifos de 33 % después de 48 horas de incubación. El sensor con fracciones de la membrana citoplásmica fue superior al de las células enteras, y mostró un rango lineal para el paraoxon de 0,01 a 0,47 mM y tres semanas de estabilidad.

Con la finalidad de desarrollar un método de análisis del formaldehído, el cual es un químico industrial comúnmente utilizado y clasificado como mutagénico y posible cancerígeno humano, Zabulla, S., Heng, L., y Ahmad, M. (2006), desarrollaron un biosensor potenciométrico para su determinación, basado en el uso de un transductor de pH hecho de una membrana de polímero de metacrílico-acrílico y la enzima alcohol oxidasa. El biosensor fue diseñado basado en la oxidación enzimática del formaldehído por la enzima alcohol oxidasa inmovilizada en hidrogel de poli 2-hidroxietil metacrilato, el cual fue depositado en la parte superior del pHmetro con una membrana de polímero de metacrílico-acrílico. El biosensor dio una respuesta lineal dinámica a las concentraciones de formaldehído desde 1 a 100 mM (R^2 = 0,99) con una sensibilidad de 43,9 mV/década, y ésta alcanzó un valor muy cercano al teórico (pendiente de Nemstian) de 52,40 mV/década, cuando las concentraciones de formaldehído se encontraron entre 1 y 10 mM.

Situmorang, M., et al (2001), co-depositaron politiramina y la enzima dehidrogenasa del ácido málico sobre un electrodo de tungsteno sensible al pH. La enzima atrapada fue enlazada subsecuentemente en forma covalente a la película del polímero, usando carbodiimida para el acoplamiento. Los biosensores fabricados por este método fueron altamente reproducibles con buena estabilidad, rango de detección entre 0,1 y 3,5 mM de ácido málico y la menor concentración de ácido málico detectada fue 0,1 mM.

Biosensores amperométricos.

Los biosensores amperométricos están basados en la medida de la corriente resultante de la oxidación o reducción de especies electro-activas involucradas en el proceso de reconocimiento químico o biológico, manteniendo un potencial constante en el electrodo de trabajo (como por ejemplo de Pt, Au, o carbono). La corriente resultante se correlaciona con la concentración de la sustancia electroactiva o su reacción dentro de la capa biocatalítica adyacente.

Generalmente estos biosensores tienen tiempos de respuesta, rangos dinámicos y sensibilidades similares a los biosensores potenciométricos.

Los biosensores amperométricos mas simples involucran el electrodo de oxígeno de Clark, el cual consiste de un cátodo de platino en el cual se reduce el oxígeno y un electrodo de referencia de plata/cloruro de plata.

En ensayos clínicos, la determinación de los niveles de glucosa es de suma importancia en pacientes diabéticos, por ello Pishko, M., Revzin, A y Simonian, A. (2002) realizaron un estudio para describir la transferencia de masa y del hidrogel hinchado en películas delgadas nano-compuestas conteniendo polímeros redox y óxido-reductasas.

El esquema de reacción catalizada por la óxido-reductasa puede expresarse de la siguiente manera:

$$\beta\text{-D-glucosa} + \text{GOX(FAD)} \longrightarrow \text{Gluconolactona} + \text{GOX(FADH)}$$

$$\text{GOX(FADH}_2\text{)} + 2\,\text{M}^{+2} \longrightarrow \text{GOX(FAD)} + 2\,\text{M}^{+1}$$

$$\text{M}^{+2} + \text{M}^{+1} \longrightarrow \text{M}^{+1} + \text{M}^{+2}$$

$$2\,\text{M}^{+1} \longrightarrow 2e^{-} + 2\text{H}^{+} + 2\,\text{M}^{+2}$$

Donde GOX (FAD) y GOX ($FADH_2$) representan las formas oxidadas y reducidas, respectivamente del cofactor flavin adenina dinucleotido (FAD) de la enzima y M representa un sitio redox del polímero en sus formas oxidadas (+2) y reducida (+1). Los electrones son transferidos desde la enzima al polímero redox, conectados entre los sitios redox en una reacción de auto-intercambio hasta que son transferidos a una superficie del electrodo que es positiva, creándose una corriente que es proporcional a la concentración del sustrato. En ausencia de limitaciones de transferencia de masa, la dependencia de la concentración de la corriente está directamente relacionada a la cinética de Michaelis-Menten de catálisis para la enzima. Los autores encontraron que la estructura de la película es altamente compacta y sin poros.

Por otra parte, Ferreira, M., et al. (2004), inmovilizaron glucosa oxidasa (GOD) en películas capa-por-capa (LbL), adsorbidas alternativamente con capas de hidrocloruro de polialilamina (PAH), sobre un sustrato modificado ITO con capa de azul de Prusia (PB). Los autores probaron las heteroestructuras ITO/PB/GOD-PAH en un biosensor amperométrico de glucosa, y encontraron una alta sensibilidad de 16 μA mmol^{-1} l cm^{-2}, y un límite de detección de 0.20 mmol l^{-1}. La alta sensibilidad fue atribuida a la naturaleza ultra-delgada de la película, aunada a los bajos potenciales de operación que deben usarse en la catálisis eficiente del H_2O_2 producido en la reacción enzimática en presencia de azul de Prusia. Los biosensores son altamente selectivos a la glucosa, y esto fue demostrado por la carencia de interferencia de posibles interferentes tales como los ácidos ascórbicos, úricos, y el acetaminofeno. Los biosensores, fueron estables por un período de aproximadamente 20 días, en los cuales se observó una sensibilidad casi constante.

Con la finalidad de examinar la correlación entre el estrés y la actividad de la amilasa salivaria, Yamaguchi, M et al. (2003) fabricaron un sistema analítico de actividad de amilasa y seleccionaron la maltopentosa como sustrato para la α-amilasa y utilizaron un dispositivo del tipo de inyección en flujo para suplir continuamente la maltopentosa. Los autores inmovilizaron α-glucosidasa (con relativamente baja actividad enzimática) sobre una membrana pre-activada. Por otra parte, inmovilizaron la glucosa oxidasa (que tiene una alta actividad enzimática) sobre un electrodo de trabajo, por lo que el dispositivo debería funcionar como un biosensor amperométrico. También fabricaron un aparato para colectar la saliva, por lo que fue innecesario el pretratamiento de la saliva. Como resultado, los autores obtuvieron un sistema capaz de medir la actividad de la amilasa salivar desde 0 a 30 kU/l, con un valor de R^2 de 0.97. Los cambios en el transcurso del tiempo para 1 semana de las actividad de la amilasa salivar fueron 5,1 % y se mantuvo relativamente constante la sensibilidad inicial, concluyendo los autores que se pudo verificar el posible desarrollo de un sistema analítico para determinar la actividad de la amilasa.

En lo que se refiere a análisis de sustancias tóxicas, Ciucu, A., Negulescu, C., y Baldwin, R., (2003) desarrollaron un método amperométrico altamente sensible para la detección de compuestos organofosforados. El método está basado en un electrodo de pasta de carbón químicamente modificado con ferоftalocianina, acoplado con acetilcolinesterasa y colina oxidasa co-inmovilizada sobre la superficie de una membrana de diálisis. La actividad de la colinesterasa es inhibida no competitivamente en presencia de pesticidas. La mayor sensibilidad a los inhibidores se encontró para una membrana conteniendo baja carga de enzimas y ésta fue usada subsecuentemente para la construcción de un biosensor amperométrico para pesticidas. Los análisis fueron realizados usando acetilcolina como sustrato; la colina producida por hidrólisis en la capa enzimática fue oxidada por la colina-oxidasa y el H_2O_2 producido fue detectado electroquímicamente a + 0,35 V en Ag/AgCl. Los autores lograron detectar con este método concentraciones de paraoxon y carbofurano de hasta 10^{-10} M.

Lei, Y et al. (2004), reportaron un biosensor amperométrico microbiano para la determinación sensitiva y selectiva de p-nitrofenol. El biosensor consistió de *Arthrobacter* sp.JS443 inmovilizada por atrapamiento en polímero Nafion depositado en el tope de la pasta de carbón del electrodo transductor. El biosensor se basó en la medida de la corriente de oxidación de los intermediarios del 4-nitrocatecol y del 1,2,4-bencenotriol formado por la oxidación altamente selectiva del *p*-nitrofenol por la *Arthrobacter* sp. El límite de detección del biosensor fue comparable al obtenido por los inmunoensayos, y mostró una excelente selectividad sin interferencia de compuestos fenólicos tales como 2-nitrofenol, fenol y 3-clorofenol como su característica mas sobresaliente, sin embargo tuvo interferencia por el 3-nitrofenol y 3-metil-4-nitrofenol. El biosensor tuvo una buena precisión y reproducibilidad intra e inter-días, y cuando se almacenó en buffer a 4 °C., fue estable hasta por tres días. Como ventajas adicionales, el biosensor desarrollado tuvo un bajo costo y un corto tiempo de análisis. Asimismo tuvo una excelente concordancia al compararse con determinaciones en aguas contaminadas realizadas espectrofotométricamente.

Señalan Joshi, P et al. (2005), que basado en su tamaño y propiedades eléctricas únicas, los nanotubos de carbón ofrecen la posibilidad de desarrollar biosensores electroquímicos ultra sensibles, esto motivó a los autores a construir un biosensor amperométrico basado en la incorporación de un nanotubo de carbón de pared simple modificado con enzimas en polímeros redox de hidrogel. Las películas compuestas fueron construidas incubando primeramente una enzima en un nanotubo de carbón de pared simple enlazada en una película de un polímero poli-[(vinilpiridina)Os(bipiridil)$_2$Cl$^{2+/3+}$]. Esta incorporación dio como resultado un incremento de 2 a 10 veces en los picos de oxidación y reducción durante la voltametría cíclica.

Se pueden citar otros biosensores amperométricos desarrollados tales como el de la glucosa, etanol y amina biogénicas (putrescina) construidos usando sistemas bienzimáticos oxidasa/peroxidasa por Sanden, B., Eng L, y Dalhammar, G. (1998), en los cuales el H_2O_2 producido por la oxidasa en la reacción con su sustrato es convertida en una señal medible a través de una peroxidasa purificada de pieles de papa dulce.

Biosensores Piezo-eléctricos

Los sistemas de transducción piezoeléctricos, másicos, gravimétricos o acústicos miden cambios directos de masa inducidos por la formación del complejo antígeno-anticuerpo.

Los cristales piezo-eléctricos (como por ejemplo el cuarzo) vibran bajo la influencia de un campo eléctrico y cada cristal tiene una frecuencia resonante característica. La frecuencia resonante cambia según las moléculas adsorban o resorban la superficie del cristal.

Para cualquier cristal piezo-eléctrico, el cambio en la frecuencia es proporcional a la masa del material absorbido y es detectado fácilmente por circuitos electrónicos. La mayor desventaja de esos dispositivos es la interferencia de la humedad atmosférica. Estos biosensores son pequeños, robustos, capaces de dar una rápida respuesta y no son costosos.

Los biosensores piezo-eléctricos se usan para determinar virus, células bacteriales, proteínas, ácidos nucleicos y pequeñas moléculas tales como drogas, hormonas y pesticidas y los procedimientos de inmovilización van desde la adsorción física simple al enlazamiento covalente sobre subcapas activadas (Skladal, P. 2003.)

En lo referente al análisis clínico, Skladal, P, et al. (2004) utilizaron los resonadores de cristal de cuarzo piezoeléctrico modificado con oligonucleótidos con la finalidad de detectar el virus de hepatitis C (HCV) en suero. Se utilizaron los biosensores piezoeléctricos en el flujo para monitorear directamente el ADN resultante de la reacción en cadena inversa de la transcriptasa enlazada a la polimerasa. Los autores analizaron las muestras de los pacientes con hepatitis C y compararon los resultados con los obtenidos por el procedimiento estándar del ensayo de Amplicor de Roche. Los autores reportaron que el ensayo de hibridación piezoeléctrico se completó en 10 minutos y la misma superficie sensora fue adecuada para su uso repetido.

Por otra parte, Dell'Atti, D., Tombelli, S., y Minunni, M. (2006), aplicaron el sensor piezoeléctrico para detectar mutaciones puntuales del ADN humano. Los autores investigaron la mutación en el gen TP 53, el cual es inactivado en la mayoría de los tipos de cáncer. Este gen tiene un amplio espectro de mutación que está relacionado a diferentes tumores. Una sonda biotinilada fue inmovilizada sobre la superficie del sensor vía superficies modificadas de dextran-estreptavidina, y el sensor fue optimizado usando oligonucleótidos sintéticos. Los resultados obtenidos demuestran que el biosensor piezoeléctrico basado en ADN es capaz de detectar las mutaciones puntuales en las muestras de reacción en cadena de la polimerasa-amplificadas mostrando sus potencialidades para el análisis de rutina.

Un biosensor piezoeléctrico de ADN para la detección de organismos genéticamente modificados (GMOs) fue desarrollado por Mannelli, I et al. (2003). Para ello inmovilizaron ADN sencillo sobre la superficie del sensor de un dispositivo de microbalance de cristal de cuarzo y monitorearon la hibridación entre la parte inmovilizada y la secuencia complementaria del analito en solución, e investigaron los parámetros analíticos de sensibilidad, reproducibilidad y tiempo de vida; los autores concluyeron que esta es una herramienta útil para los análisis de muestras de alimentos.

Con relación al análisis de sustancias tóxicas, Halámek, J et al (2005), desarrollaron un biosensor piezoeléctrico altamente sensible para detectar los inhibidores de colinesterasa, inmovilizando el inhibidor benzoilecgonina-1,8-diamino-3,4-dioxaoctano sobre una monocapa de ácido 11-mercaptomonoundecanoico autoensamblado sobre una superficie de oro del sensor. El enlazamiento de la colinesterasa de alto peso molecular al derivado de cocaína inmovilizado fue monitorizado con un cristal de cuarzo piezoeléctrico sensible a la masa. Los autores observaron que en presencia de una sustancia inhibidora en la muestra, se redujo el enlazamiento de la colinesterasa al inhibidor inmovilizado. El decrecimiento de la velocidad del cambio de masa fue proporcional a la concentración de los inhibidores libres en la muestra. La superficie del sensor fue regenerada con ácido fórmico 1 mol/L el cual capacitó al sensor para realizar 40 medidas. El tiempo total de medida (enlazamiento + regeneración) fue 25 min y el límite de detección para diferentes organofosfatos (paraoxon, diisopropillfluorofosfato, clorpirifos y clorfenvinfos) se encontró hasta 10–10 mol L–1 (0.02 μg L–1).

Inmunosensores

Los biosensores pueden ser utilizados en conjunto con ensayos inmuno-absorbentes con enzimas ligadas (ELISA). La técnica ELISA es una herramienta muy útil para la detección de proteínas específicas y macromoléculas en sistemas biológicos y se basa en la detección de un antígeno inmovilizado sobre una fase sólida mediante anticuerpos que directa o indirectamente producen una reacción cuyo producto, por ejemplo un colorante, puede ser medido espectrofotométricamente. (Li, Z., Jayasankar, S y Gray, D. 2001.)

En la técnica ELISA la cantidad de enzima ligada al antígeno se enlaza al anticuerpo inmovilizado y está determinada por una concentración relativa de los antígenos libres y conjugados y se cuantifica por la velocidad de la reacción enzimática. Se utilizan enzimas con alto número de cambios para conseguir rápidas respuestas. La sensibilidad de cada ensayo puede incrementarse utilizando reacciones catalizadas por enzimas las cuales dan intrínsecamente mayores respuestas; por ejemplo, aquellas que dan lugar a productos altamente coloreados, fluorescentes o bio-luminiscentes.

Recientemente las técnicas ELISA han sido combinadas con biosensores, para formar inmunosensores, con el fin de incrementar su rango, velocidad y sensibilidad. En estos inmunosensores el anticuerpo, específico para el antígeno de interés es inmovilizado sobre la superficie de un tubo, se coloca en el tubo una muestra de cantidad conocida de conjugado antígeno-enzima mas una concentración desconocida de muestra de antígeno hasta alcanzar el equilibrio, después de un periodo adecuado, el antígeno y el conjugado antígeno-enzima se distribuye entre el enlace y los estados dependientes libres en sus concentraciones relativas. El material no enlazado es lavado y descargado.

La cantidad del conjugado antígeno-enzima que está enlazado puede ser determinada por la velocidad de la reacción enzimática consecutiva.

Para los inmunosensores, el principio de detección está basado, no en la detección de un sustrato por un transductor molecular (como en el caso de los sensores enzimáticos), sino por la detección de formación/desintegración del transductor molecular por si mismo (Ghindilis, A 2000),

Señala Kumar, A. (2000), que el inmunosensor piezoeléctrico es uno de los instrumentos analíticos desarrollados más sensible, siendo capaz de detectar antígenos en el rango de picogramos, y se cree que puede detectar antígenos tanto en fase gaseosa como en fase líquida.

La utilización de los biosensores piezo-eléctricos en análisis clínico es cada vez más frecuente; un método basado en un inmunoensayo competitivo, utiliza anticuerpos primarios monoclonales y anticuerpos secundarios enlazados a la fosfatasa alcalina. La enzima sustrato 5-bromo-4-cloro-3-indolil fosfatasa genera un producto electroactivo el cual es detectado amperométricamente. Con este inmunosensor se detectó cuantitativamente la nitrobacteria, y puede acortarse el tiempo de análisis con este nuevo sensor. El límite de detección obtenido fue de 3×10^6 células de Nitrobacteria /ml. (Sanden, B., Eng L, y Dalhammar, G. 1998)

Un inmunosensor basado en la fluorescencia para análisis simultáneo de muestras múltiples, fue desarrollado por Rowe, C et al. (2003). Los autores usaron un patrón de reconocimiento de elementos inmovilizados sobre una superficie de una longitud de onda plana para capturar los analitos presentes en las muestras. El analito enlazado fue luego cuantificado por medio de un detector de moléculas fluorescentes. Se utilizó el inmunosensor para detectar concentraciones fisiológicamente importantes de enterotoxina B estafilococal (SEB), antígeno F1 de *Yersinia pestis*, y D-dimer, un marcador de sepsis y desórdenes trombóticos, en muestras clínicas a los que se le añadió el material.

La digoxina es usada en el tratamiento de falla cardiaca congestiva y enfermedades arteriales, ayudando a que el corazón funcione mejor y a controlar su frecuencia cardiaca. Fernández, P et al (2003) reportaron un nuevo fluoroinmunosensor en flujo, con anticuerpos inmovilizados sobre un inmunoreactor de vidrio poroso controlado, para la determinación de digoxina.

El inmunosensor desarrollado tuvo un límite de detección de 1,20 μg/L y proporcionó alta reproducibilidad (con una desviación estándar relativa de 4,5 % para una concentración de 0,0025 mg/L de digoxina y de 6,7 % para una de 0,01 mg/L). El tiempo de vida del inmunosensor fue de 50 inmunoensayos y fue utilizado exitosamente para efectuar determinaciones de digoxina en muestras de suero humanas.

Biosensores Calorimétricos

Muchas reacciones catalizadas por enzimas son exotérmicas (generan calor), y pueden usarse como base para medir la velocidad de la reacción y, por lo tanto, la concentración del analito. Los cambios en la temperatura son determinados usualmente por medio de las termo-resistencias colocadas a la entrada y a la salida de pequeños lechos de columnas empacadas, que contienen enzimas inmovilizadas dentro de un medioambiente de temperatura constante.

En estos biosensores, el flujo de muestra pasa al intercambiador de calor a través de una caja aislada dentro del bloque de aluminio. De aquí, el flujo pasa a las termo-resistencias de referencia y de ahí al lecho del bio-reactor que contiene el biocatalizador, donde ocurre la reacción. El cambio en temperatura es determinado por la termo-resistencia y la solución se desecha. Los elementos electrónicos externos determinan la diferencia en la resistencia, y por tanto de temperatura, entre las termo-resistencias

Las termo-resistencias usadas para detectar el cambio de temperatura, funcionan cambiando su resistencia eléctrica con la temperatura.

Zhang, Y y Tadigadapa, S. (2004), desarrollaron un dispositivo de micro-fluido capaz de medir los cambios de entalpía en tiempo real de reacciones bioquímicas y las propiedades térmicas de fluidos biológicos. El dispositivo consiste en una micro-termopila integrada con una cámara de reacción de vidrio de micro-fluido. Las micro-termopilas de tipo p de polisilicona/oro fabricadas sobre una membrana de 2 μm de grosor aislada térmicamente, mostraron una sensibilidad de 0,94 V/W. A pesar que el dispositivo no está restringido a reacciones enzimáticas, los autores midieron el calor de reacción de la acción catalítica de la glucosa oxidasa, catalasa, y ureasa sobre glucosa, peróxido de hidrógeno y urea, respectivamente, encontrando una sensibilidad de 53.5 μV/M para la glucosa, 26.5 μV/M para el peróxido de hidrogeno y 17 μV/M para la urea

Biosensores nanomecánicos

En estos transductores el elemento de reconocimiento biológico se inmoviliza sobre la superficie de un micro-voladizo de silicio, el cual se sumerge en una muestra líquida (usando generalmente anticuerpos). La interacción entre el elemento de reconocimiento y el analito produce un cambio diferencial en la tensión superficial del líquido y el micro-voladizo sufre una respuesta de tipo nano-mecánico que consiste en un cambio de la deflexión y/o de la frecuencia de resonancia. Tamayo, J et al. (2001), presentaron una nueva técnica para biosensores basada en micro-voladizos en líquidos, los autores señalan que estos dispositivos presentan factibilidad, miniaturización, alta sensibilidad, monitoreo en tiempo real, y bajo costo.

Los sensores basados en micro-voladizos han surgido recientemente como una alternativa para la detección de interacciones biomoleculares. Se han detectado una gran variedad de interacciones biomoleculares con esta tecnología incluyendo bacterias, proteínas, pesticidas y ADN. Álvarez, M et al. (2004) estudiaron las fuerzas de interacción responsables del giro durante la formación de una monocapa auto-ensamblada de ADN sencillo 27-mer tiolada, sobre el lado cubierto de oro de un micro-voladizo y durante la subsiguiente hibridación con un ácido nucleico suplementario. Los autores encontraron que la señal nano-mecánica durante el proceso de inmovilización incrementa principalmente del enlace covalente a la superficie de oro, y las interacciones inter-cadena entre las moléculas de ADN vecinas son débiles, produciendo un estrés superficial indetectable.

Biosensores ópticos

Se explicó anteriormente que si el cambio que se observa es una emisión de luz durante la reacción o de una diferencia en la absorbancia, se habla de biosensores ópticos; con estos biosensores, existen diversos tipos de medidas entre las que se encuentran: la absorbancia, la reflectancia, la fluorescencia (también tiempo de vida), la extinción de la fluorescencia, el índice de refracción, la dispersión de luz y la polarización.

El sistema básico de medida consiste en una fuente de luz, elemento sensor (donde se encuentran las moléculas receptoras) y el detector. Se diferencian métodos de detección directa (sin necesidad de utilizar un marcaje) y detección indirecta (en los cuales se necesita el marcaje)

Los cambios comúnmente medidos son la intensidad, la frecuencia, la polarización y el cambio de fase.

Entre los tipos y componentes utilizados en la fabricación de un biosensor óptico se encuentran la fibra óptica, las ondas guiadas, las ondas evanescentes, los plasmónes de superficie, los diodos que emiten luz, la fluorescencia de reflexión interna total (TIRF), los interferómetros, los dispositivos acoplados a la carga y los espectroscopios.

Entre los sensores ópticos mas simples y fáciles se encuentran los sensores ópticos capilares (bio-material inmovilizado en capilares y fibra óptica que recoge la luz del capilar), la espectroscopia de reflectancia de interferencia (luz reflejada desde una capa delgada que interfiere con la luz reflejada de otra superficie y produce pequeños cambios en el espesor que pueden ser medidos), analito adsorbido o enlazado, infrarrojo cercano (espectroscopia quimiométrica, análisis fuertemente dependientes)

Existen dos áreas principales de desarrollo en los biosensores ópticos y éstas involucran cambios determinantes en la absorción de luz entre los reactantes y los productos de una reacción, o la medida de la salida de luz por un proceso luminiscente. La primera usualmente involucra tiras de ensayo colorimétricas. Estos son dispositivos de almohadilla de celulosa impregnada con enzimas y reactivos. El uso mas común de esta tecnología es el monitoreo de sangre completa para el control de la diabetes (Pickup, J. 1989). En este caso las tiras incluyen glucosa oxidasa, peroxidasa de rábano y un cromógeno (por ejemplo la *o*-toluidina o 3,3',5,5'-tetrametilbenzidina).

Las reacciones que tienen lugar se muestran a continuación:

$$\text{Glucosa} + O_2 \xrightarrow{\text{Glucosa oxidasa}} \text{Ácido glucónico} + H_2O_2$$

El peroxido de hidrógeno, producido por la oxidación aeróbica de la glucosa, oxida al cromógeno débilmente coloreado a un colorante altamente coloreado.

$$\text{Cromógeno(2H)} + H_2O_2 \xrightarrow{\text{Peroxidasa}} \text{Colorante} + 2H_2O$$

La evaluación de las tiras coloreadas se consigue mejor usando medidores de reflectancia portátiles, a pesar del uso frecuente de la comparación visual directa con una carta coloreada. Existe actualmente una amplia variedad de tiras de ensayo que involucran otras enzimas.

La bioluminiscencia, o la habilidad de algunos organismos vivientes a emitir luz, está basada en la oxidación catalizada de un sustrato reducido por enzimas específicas conocidas como luciferasas. (Danilov, V. y Ismailov, A. 1989)

Un biosensor que involucra luminiscencia usa luciferaza de luciérnagas (Fotinus-luciferina-4-mono-oxigenasa (ATP-hidrolizante) para detectar la presencia de bacterias en alimentos y muestras clínicas. Las bacterias son específicamente lisadas y sale el ATP (proporcionalmente al número de bacterias presentes) y reaccionan con D-luciferina y oxígeno en una reacción que produce luz amarilla en forma de quantum.

$$\text{ATP} + \text{D-luciferina} + O_2 \xrightarrow{\text{Luciferaza}} \text{oxiluciferina} + \text{AMP} + \text{pirofosfatasa} + CO_2 + \text{luz (562 nm)}$$

La luz producida puede ser detectada fotométricamente usando alto-voltaje y tubos foto multiplicadores o sistemas de fotodiodo de bajo voltaje.

Tipos de Biosensores ópticos

Existen diversos tipos de biosensores ópticos, entre ellos se pueden encontrar:

Biosensor de Fibras Ópticas

Estos sensores son también conocidos como optados u optrodos (lo cual significa punta óptica sensible que genera luz), y consisten en una fibra óptica en la cual se inmoviliza en un extremo el elemento de reconocimiento (biocatalítico o de bioafinidad) y en el otro extremo se coloca el elemento de detección. Como consecuencia de la interacción entre el analito y el elemento de reconocimiento se produce un cambio detectable en el marcador el cual se propaga por la fibra óptica hacia el detector.

Los elementos básicos que generalmente constituyen un optrodo son:

- La fuente de radiación, que pueden ser láseres (entre los cuales los de diodo son los de mayor utilidad por su pequeño tamaño y bajo costo) y las lámparas (que pueden dividirse en incandescentes, de descarga y de diodos emisores de luz (LED)).

- Los selectores de longitud de onda, que discriminan la señal analítica del espectro continuo, empleando filtros (de absorción y de interferencia) y monocromadores de red.

- Los acopladores ópticos (logran el acoplamiento óptico entre la radiación procedente de la fuente y lafibra óptica, empleando lentes de enfoque o fuentes colimadas, para que penetre en la guía onda la máxima intensidad de radiación)

- Una guía onda (que es la fibra óptica)

- Una zona sensora

- Un detector (el cual transforma la señal óptica en señal eléctrica).

Las fibras ópticas pueden estar fabricadas de vidrio, plástico o silicona. La propagación de la luz en una fibra óptica es un fenómeno de interacción entre ondas electromagnéticas (E-M) y el material con el cual ha sido fabricada la fibra, fenómeno que está acotado por la configuración geométrica cilíndrica que tiene la fibra. Ello determina que tal propagación pueda ser alterada, o modificada, en forma apreciable por cambios temporales y/o espaciales que ocurran en el material de la fibra, o aun en la propia estructura física o forma geométrica de la fibra. Para observar de forma indirecta, los cambios que sufre la propagación de la onda electromagnética al viajar por la fibra, se miden algunas de las variables que definen a la onda E-M viajera (amplitud del campo eléctrico asociado, la fase de la onda, los modos de propagación que utiliza la luz para propagarse en la fibra, su polarización espacial o la potencia de la luz difundida por los micro-defectos inherentes a la fibra misma. Es evidente que si se expone a la fibra a una interacción con el ambiente, entonces se modificará la propagación de la onda y esa interacción puede ser medida en forma indirecta, actuando así la fibra como transductor de medida (Ladera, C. 2006).

Con el propósito de ser utilizado en aplicaciones biomédicas, Wawro, D et al (2000) desarrollaron un nuevo sensor de fibra óptica integrando los enrejados de la difracción dieléctrica y películas finas, sobre fibras ópticas. El dispositivo utiliza una estructura enrejada de guía de onda de resonancia dieléctrica fabricada sobre la parte final de una fibra óptica para investigar las reacciones que ocurren en una capa sensible depositada sobre esta superficie. Señalan los autores que este nuevo concepto de sensor combina la sensibilidad mejorada y la exactitud con un gran rango dinámico, operación en tiempo real y sensor remoto.

Para la evaluación de baja Demanda Bioquímica de Oxígeno (DBO) en aguas de ríos, Chee, GJ et al. (2000), desarrollaron un biosensor de fibra óptica. Los autores emplearon como estándar una solución artificial de agua residual para la calibración del biosensor. El tiempo de respuesta del sensor fue de 15 minutos y se observó una respuesta óptima a 30 °C. y pH de 7. Los autores obtuvieron una relación lineal entre la salida del voltaje y los valores de DBO_5 y el rango de determinación fue entre 1 y 10mg/L para la DBO. La respuesta del sensor casi no estuvo influenciada por los iones cloruro hasta 1000 mg/L y tampoco la afectaron los iones de metales pesados (Fe^{3+}, Cu^{2+}, Mn^{2+}, Cr^{3+}, Zn^{2+}). La correlación encontrada entre el análisis de DBO de las aguas de río usando el sensor de fibra óptica y el ensayo de DBO_5 fue de $r^2 = 0.971$.

Biosensores de Resonancia de Plasmónes de Superficie (SPR)

Los plasmónes son oscilaciones colectivas de los electrones de conducción de un metal.

La resonancia de plasmónes de superficie es un fenómeno óptico que ocurre cuando una luz polarizada se dirige desde una capa de mayor índice de refracción (un prisma) hacia una de menor índice de refracción (una capa metálica, de oro o de plata), que se sitúa entre el prisma y la muestra. La luz que incide en la interfase entre el metal y el prisma provoca la excitación de un plasmón de superficie para un determinado ángulo de incidencia de dicha luz, llamado ángulo de resonancia, el cual depende fuertemente del índice de refracción del medio contiguo a la lámina metálica, por lo que las variaciones que se produzcan en el mismo van a ser detectadas como cambios del ángulo de resonancia y este cambio es proporcional a la concentración. La unión de los analitos al elemento de reconocimiento representa un cambio en el índice de refracción sobre la superficie del metal y, como consecuencia, se produce un desplazamiento del ángulo de resonancia. Esto permite realizar medidas directas en tiempo real, sin marcaje, así como el análisis de muestras complejas sin purificación previa, sin embargo también puede utilizarse con marcaje de moléculas fluorescentes lo que representa una mejora en la sensibilidad relativa por la reflexión total interna de fluorescencia.

Chiu, M., Wang, S., y Chang, R. (2005) presentaron un biosensor de fibra tipo D basado en la tecnología de resonancia de plasmón de superficie (SPR), en el cual el dispositivo sensor es una fibra óptica cuya mitad central está pulida y se deposita una capa de una película fina de oro. Los autores midieron las variaciones de las diferencias de fase en lugar de la intensidad de la luz, como normalmente se hace en las técnicas SPR, por lo que la exactitud y resolución del método es muy alta, por otra parte el biosensor desarrollado tiene alta sensibilidad, pequeño tamaño, bajo costo, necesita pequeño volumen de muestra y se puede utilizar para ensayos *in vivo.*

El uso intensivo de antibióticos en los alimentos para animales puede conducir a residuos no deseados en ellos, y se han establecidos límites máximos de residuos para diferentes sustancias con el objeto de establecer límites seguros para el consumo humano. Usualmente se utilizan ensayos de inhibición microbiana para evaluar esos antibióticos y si el ensayo es positivo, se hace una determinación con HPLC o GC. Akkoyun, A., Kohen, V y Bilitewski, U. (2000) desarrollaron un ensayo para la detección de sulfametazina (una de las sulfonamidas mayormente usada en animales) en la orina animal, con un biosensor de resonancia de plasmón de superficie. Para ello los autores usaron un anticuerpo monoclonal contra la sulfametazina y el correspondiente anticuerpo anti-idiopático. El ensayo tuvo un límite de detección de 5 μg/l el cual está bastante por debajo de los límites de residuos máximos de 100 μg/l.

Biosensores de Onda Evanescente (Ew)

Están basados en un fenómeno de reflexión interna total de fluorescencia, que consiste en la absorción y emisión de fotones. La radiación que viaja a través de una guía de ondas por reflexión interna total crea un campo electromagnético denominado campo evanescente, el cual puede penetrar una determinada distancia desde la superficie dependiendo del ángulo de incidencia en la interfase y la longitud de onda de la radiación de excitación. Cualquier interacción molecular que se produzca en este campo (por ejemplo la unión de un analito a un receptor inmovilizado en la superficie de la guía de ondas) produce cambios en las características de la luz que se propaga por la guía de ondas que pueden medirse y relacionarse con la concentración de analito. Es necesario utilizar marcaje con moléculas con propiedades fluorescentes. Este tipo de biosensor permite una detección directa, rápida y selectiva del analito.

En análisis clínicos, se puede señalar que para detectar el virus de Newcastle, Lee, W y Gail, H (1996) usaron un biosensor de onda evanescente, inmovilizando un anticuerpo policlonal dirigido contra un analito modelo, sobre fibras de cuarzo cubiertas con amilosilano, las cuales sirvieron para la captura y concentración del elemento del sistema sensor. El sistema de detección del biosensor posee algunas características deseables tales como un número limitado de componentes mecánicos, superficie activa de múltiple uso, y baja variación de la línea base, lo cual indica que puede servir como un dispositivo de monitoreo continuo de un sistema de detección automatizado o semi automático.

Por otra parte, para evaluar y cuantificar las señales fluorescentes de tumores, Thomas, T et al. (2004), ensayaron *in vivo* la utilidad de una sonda fluorescente de fibra óptica de dos fotones. Para ello desarrollaron tumores injertados en roedores usando células MCA207 que presentan proteínas fluorescentes verdes. Los resultados sugieren que los sensores desarrollados pueden ser usados como un sistema mínimamente invasivo para identificar marcadores de tumor y monitorear la terapia de las drogas.

Biosensor de Espejo Resonante

El biosensor de espejo resonante fue desarrollado para combinar la construcción simple de los sensores de resonancia del plasmón de superficie con la sensibilidad de los dispositivos de guía de onda. El sensor de espejo resonante balancea las características de ambos sensores en un dispositivo altamente sensible y simple.

El biosensor de espejo resonante consiste en cuatro capas: la superficie de detección, la alta capa resonante dieléctrica del índice de refracción, la capa baja del acoplador del índice, y el prisma. La luz incorpora la capa resonante viajando a través del prisma y se junta en la capa baja del índice con el campo evanescente. Debido a que el espejo resonante tiene pérdidas muy pequeñas, la luz será reflejada en cualquier ángulo incidente. Sin embargo, ocurre un desplazamiento en la fase de radianes en la luz reflejada cuando está en resonancia con los modos dieléctricos, haciendo más eficiente el rendimiento del acoplador. Cuando esto ocurre, la luz se refleja a lo largo de la superficie de detección hasta una cierta distancia y después se une nuevamente dentro del prisma.

Muhonen, W y Shabb, J. (2000) usaron un biosensor de espejo resonante para estudiar interacciones cíclicas nucleótido-receptor. El método fue desarrollado para determinar las constantes de inhibición (Ki) desde velocidades iniciales de asociación de ligados a ligandos inmovilizados.

La posibilidad de detectar sustituciones puntuales en oligonucleótidos con un fragmento del gen del *Helicobacter pylori* 23S rRNA , con mutaciones puntuales que son responsables de la resistencia a la claritromicina, fue demostrada por Momynaliev, K et al (2003), utilizando biosensores con espejos resonantes.

Levy, J et al (1996), estudiaron interacciones moleculares para identificar epitopes dentro del antígeno Goodpasture. Los autores señalan que estos biosensores pueden ser utilizados exitosamente para monitorear enlaces antígeno-anticuerpo usando suero policlonal.

En este libro se presentan a los biosensores, su composición, las tendencias en su investigación y sus aplicaciones en la industria.

DESARROLLO DE LOS BIOSENSORES

Recientemente se ha incrementado el interés en la detección de organismos que puedan estar involucrados en bio-terrorismo, envenenamiento de alimentos, y problemas clínicos tales como resistencia a los antibióticos y por medio de los biosensores se puede lograr la realización de estos análisis utilizando diferentes tipos de transductores tales como los electroquímicos, de alta frecuencia (ondas acústicas de superficie) y ópticos (Deisingh, A., y Thompson, M. 2004).

Hoy día, se han utilizado algunas técnicas para mantener las células en cultivo en el estudio de muchos aspectos de la biología celular y la fisiología. Más frecuentemente, el cultivo de células depende del anclaje adecuado de células a la superficie de crecimiento. La poli-L-lisina, es usada comúnmente como molécula adhesiva. Lakard, S et al (2004), presentaron como una alternativa a la poli-L-lisina, nuevos sustratos de capas de polímeros, realizados por electro polimerización de diferentes monómeros sobre superficies de óxido de estaño dopado con fluoruro (FTO), debido a que la electro-polimerización es un buen método para cubrir selectivamente los electrodos metálicos o semiconductores con películas de polímeros. De esta manera se investigaron la adhesión, proliferación y morfología de las líneas de las células neuronales de ratas sobre superficies tratadas de polímeros. Se probaron algunos polímeros biocompatibles basados en aminas: polietileneimina (PEI), polipropileneimina (PPI), polipirrol (PPy) y poli(p-fenilenediamina)(PPPD). Estas películas de polímeros fueron cubiertas sobre superficies FTO por oxidación electroquímica. Después de 8 horas en un medio de cultivo, se encontró un alto porcentaje de células pegadas a PEI y PPI en comparación con los otros polímeros y a las superficies de referencia (vidrio y FTO no cubiertos). Después de 24 y 72 horas en el medio de cultivo, se encontró que las células proliferaban más rápido sobre PEI y PPI que sobre otros polímeros y sustancias de referencia. Los autores deducen que los PEI y PPI pueden utilizarse como superficies de cubrimiento para las células neuronales cultivadas.

Las áreas de monitoreo medioambiental, el análisis de alimentos y bebidas y la observación de procesos industriales, requieren herramientas analíticas capaces de discriminar químicos con alta especificidad molecular. Aunado a esto, el mejoramiento del producto y el desarrollo de nuevos productos requieren métodos analíticos cualitativos y cuantitativos precisos. Igualmente la necesidad de aplicar métodos analíticos *in situ* en línea con alta selectividad molecular para un control seguro del proceso productivo, así como para el análisis del medioambiente y de los alimentos, ha llevado a una variedad de esquemas de reconocimiento bio-miméticos utilizando aproximaciones supra-moleculares de polímeros molecularmente impresos (MIP), que han probado su potencial como receptores sintéticos en numerosas aplicaciones en el rango de la cromatografía líquida en las evaluaciones y tecnología de sensores. Sus ventajas inherentes comparadas a los sistemas de reconocimiento bioquímicos/biológicos incluyen robustez, resistencia al almacenamiento y bajos costos Mahonya, J et al (2005). Los esquemas de bio-reconocimiento frecuentemente sufren de bio-actividad degradante y estabilidad por un largo periodo de tiempo cuando se aplican en muestras del medioambiente, sirviendo los MIP como anticuerpos sintéticos; han sido aplicados exitosamente como una matriz de separación de la fase estacionaria (por ejemplo HPLC y SPE), reconocimiento de componentes en bio-ensayos (por ejemplo ELISA) o reconocimiento bio-mimétrico de la capa en sistemas de sensores químicos. Ejemplos de análisis basados en polímeros molecularmente impresos son la selección de flavonas/flavonoides en vino, la determinación de micotoxinas en bebidas y el análisis de contaminantes orgánicos en muestras medioambientales.

Una nueva estrategia para la fabricación de un sensor para peróxido de hidrógeno basado en la peroxidasa de rábano (HRP), combinando las virtudes de la matriz de carbón soportado en sol-gel y mediador particulado de oro en nanoescala (nano-Au), fue desarrollado por Lei, C et al (2004). El grupo funcional tiol derivado del electrodo de cerámica de carbón (CCE) primeramente fue construido usando 3-mercaptopropil trimetoxi-xileno como el monómero sol-gel. Luego se obtuvo la monocapa estable nano-Au a través de un enlace covalente entre nano-Au y el grupo tiol sobre la superficie CCE. Los resultados experimentales mostraron que la monocapa formada de nano-Au no solo debería inmovilizar constantemente la peroxidasa de rábano, sino también para retener su bioactividad eficientemente. Fue detectado el peróxido de hidrógeno con la ayuda del mediador de hidroquinona para transferir electrones entre el electrodo y el HRP. El biosensor tuvo una rápida respuesta de menos de 8 segundos con un rango lineal de 1.22×10^{-5} a 1.10×10^{-3}mol/L y un límite de detección de 6.1×10^{-6}mol/L. La sensibilidad del sensor para H_2O_2 fue 0,29 A l/mol cm^2. Se calculó la energía de activación para la reacción enzimática y se obtuvo 10.1 kJ/ mol. La enzima-electrodo retuvo un 75 % de su actividad inicial después de 5 semanas de almacenamiento en buffer fosfato a pH 7.

Destacan Hanumegowda, N et al (2005), que los sensores simples y efectivos para actividad proteolítica son de gran interés para el diagnóstico clínico, seguridad en el hogar y la nanofabricación. Los autores mostraron un nuevo sensor libre de marcaje para actividad proteolítica, utilizando un resonador de microesferas ópticas que dependen de la circulación de la luz para incrementar la interacción con los analitos. Como modelo, los autores emplearon la proteasa de la tripsina y una monocapa de BSA (albúmina de suero de bovino) como sustrato sobre la superficie de la esfera. El límite de detección de la tripsina fue de aproximadamente 10^{-4} unidades/ml, lo que indica que puede diseñarse un sensor de micro esfera con especificidad para una proteasa de interés, usando péptidos sintetizados y una micro esfera funcionalizada.

Un nuevo electrodo de bioenzima detector de lactato elaborado por inclusión física de lactato oxidasa (LOx), peroxidasa de rábano (HRP), y azul de metileno (MB) en una capa compleja de polielectrolitos consistente de ADN de doble helice y poli-alilamina (PAA) preparada sobre un electrodo de carbono vidriado (GC), fue fabricado por Hasebe, Y., Gu, T., y Fueki, T.(2005). El peróxido de hidrógeno producido (H_2O_2) durante la reacción de LOx en la parte externa de la capa LOx/PAA fue detectado catódicamente por la reducción bioelectrocatalítica mediada por MB, de HRP en la parte interna de la capa ADN/MB/HRP/PAA. La respuesta de la corriente catódica del estado estable al L-lactato obtenido aplicando un potencial de -0,25 V (Ag/AgCl), incrementó linealmente hasta 150 μM, y el tiempo de respuesta (100 % respuesta) fue menor de 15 segundos. La sensibilidad (pendiente de la región de calibración lineal) fue 1,51 μA/mM, y el menor límite de detección encontrado fue 10 μM ($S/N = 3$). La desviación estándar relativa (DER) de siete medidas sucesivas de 20 μM *L*-lactato fue 2.4%. La respuesta del estado-estable para 100 μM *L*-lactato apenas estuvo influenciada por la adición de 100 μM *L*- de ácido ascórbico (AA). La estructura en capas y/o estructura de red de la membrana de ADN/PAA puede prohibir la reacción de AA a MB oxidado y la HRP lo cual conduce a interferencia electrocatalítica. Este biosensor de lactato retuvo el 45 % de la actividad original (sensibilidad) después de una semana de almacenamiento en buffer fosfato (0.1 M, pH 7.0) a 4 °C.

Oktar, O, Caglar, P y Seitz, R. (2005) prepararon microesferas sensitivas a la temperatura de poli(N-isopropilacrilamida) [poli(NIPA)], y ácido poli(NIPA)-acrilico copolimero [poli(NIPA-co-AA)] por polimerización de dispersión y atrapándolas en un hidrogel poli(alcohol vinílico) para aplicaciones ópticas sensibles. El crecimiento de las microesferas trae como consecuencia que el índice de refracción de la microesfera decrezca, acercándolo al índice de refracción del hidrogel. Esto da como resultado un cambio en la turbidez, la cual fue medida por un espectrómetro de fibra óptica en miniatura, Ocean Optics SD 1000. La temperatura de la fase de transición de las microesferas de poli(NIPA) en la membrana fue consistente con aquellas de poli(NIPA) en solución acuosa. Debido a que la deprotonación del ácido acrílico causa un gran cambio en las propiedades de la hinchazón de estas microesferas, estas membranas son sensibles al pH. También presentaron los datos preliminares para ilustrar que la complexación de las unidades del ácido acrílico deprotonado por Pb(II) y Cu(II), afecta la transición de fase. Un pequeño cambio en la afinidad del comonómero por el solvente tiene un gran efecto sobre la hinchazón por las transiciones de temperatura de los cambios de fase. Esta propuesta es atractiva para el desarrollo de polímeros que se hinchan basados en sensores para aplicaciones que involucran una temperatura constante o fluctuaciones de temperatura corregidas.

Destacan Snopok, B et al (2001) que la aplicación de los fenómenos de onda evanescentes (por ejemplo resonancia de plasmón de superficie) en los sensores químicos y bioquímicos, proporciona tanto las condiciones óptimas para el registro de las interacciones específicas como alta sensibilidad. Al mismo tiempo, la estabilidad y reproducibilidad de los parámetros en películas delgadas de oro (donde ocurren las oscilaciones de plasmón) son el acceso a los problemas tanto para la transformación óptima de la información bioquímica en la señal que es conveniente para mayores tratamientos como la formación de arquitecturas interfaciales artificiales. Los autores estudiaron los procesos de deposición influenciados por regímenes de temperatura que influyen sobre las propiedades ópticas y la estructura de películas delgadas de oro. Fueron analizados los rasgos tipológicos y topográficos de las estructuras de las capas delgadas, usando difracción de rayos X y microscopía de la fuerza atómica, respectivamente. Los autores mostraron que el procedimiento sencillo de bajar la temperatura del recocido (a alrededor de 120 °C) proporciona parámetros óptimos de las películas de oro delgadas en vista de su aplicación como transductores físicos en los biosensores ópticos, y fabricaron el transductor SPR con elementos altamente sensibles usados en el dispositivo "PLASMÓN-4M".

Biosensores desarrollados con fines diagnósticos.

Un biosensor amperométrico para monitorear el nivel de histatina en la saliva, fue diseñado por Aluoch, A., Amrute, K., y Sadik, O. (2005). Los elementos del biosensor comprenden una capa de anticuerpos de histatina salivar auto-ensamblado sobre un cristal de cuarzo-oro unido covalentemente. La interacción bioespecífica entre el anticuerpo de histatina inmovilizada y el antígeno de histamina fue monitorizado por un nuevo indicador electroactivo, plata monodispersa sobre una superficie de oro. La plata es oxidada o reducida y la corriente del pico resultante proporciona información analítica sobre las concentraciones de las proteínas salivales. Se obtuvo un límite de detección de 0.626 pg/ml.

Maxwell, D., Taylor, J y Nie, S. (2002) señalan que han sido usados nano-cristales de oro coloidales para desarrollar una nueva clase de nano-biosensores que es capaz de reconocer y detectar secuencias específicas de ADN y mutaciones de base sencillas en un formato homogéneo. En el corazón de este biosensor hay nano-partículas de oro de 2.5 nm que funcionan tanto como un nano-andamio y como un nano-extintor (aceptor de energía eficiente). Unido a este corazón hay moléculas de oligo-nucleótidos marcadas con un grupo tiol en un extremo y un fluoro-foro en el otro. Esta construcción híbrida bio/inorgánica se encuentra, espontáneamente ensamblada, en una conformación en forma de arco sobre la superficie de la partícula. El enlazamiento a las moléculas a analizar da como resultado un cambio conformacional, el cual restaura la fluorescencia del fluoroforo apagado. Las nano-partículas metálicas tienen propiedades estructurales y ópticas únicas para nuevas aplicaciones en ingeniería de biosensores e ingeniería molecular.

Las membranas celulares imitadoras y el reconocimiento biomolecular asociado con las membranas, representan un gran reto a diagnósticos innovadores y métodos terapéuticos. Song, J et al (2002), diseñaron y sintetizaron una clase de materiales inteligentes para usarlos en biosensores; estos materiales son ensamblajes que imitan la membrana celular y, convenientemente, reportan la presencia de patógenos con un cambio de color. Los componentes biológicamente activos de la membrana son incorporados en polímeros conjugados con propiedades ópticas deseables y el enlazamiento de las moléculas a ser analizadas sobre el material dispara cambios conformacionales y electrónicos que son reflejados en un cambio cromático (también llamado cambio biocrómico) que es observado y grabado convenientemente. Películas delgadas de Langmuir-Blodgett y bi-capas de vesícula proporcionan configuraciones ideales para la liberación precisa de las entidades biológicas enlazadas a la interfase sensora, y para controlar la orientación molecular necesaria para la interacción biomolecular efectiva. Los materiales imitadores en las membranas polidiacetilénicas contienen superficies receptoras de células gangliosidas y residuos de ácido sialico, respectivamente, y fueron formuladas en esas arquitecturas y usadas para la detección colorimétrica de toxinas de bacterias y virus de influenza. Una ventaja de esos polímeros biocrómicos conjugados es que su reconocimiento molecular y la señal de transducción funcional residen en una unidad funcional lo que la pone al alcance de la micro-fabricación y uso.

Koncki, R et al (2001) demostraron los esquemas de biosensores ópticos basados en películas transparentes inorgánicas/orgánicas enzimáticamente modificadas, predominantemente compuestas de Azul de Prusia. La película compuesta (la cual no es electroquímicamente depositada sobre un soporte no conductor), se usa en un transductor óptico para biosensores a través de flujo basados en hidrolasas y oxidasas. La ureasa y la glucosa oxidasa son utilizadas como enzimas modelos. La acción de este biosensor de úrea esta basado en la sensibilidad óptica de pH del indicador azul de Prusia. EL biosensor de glucosa actúa como un biosensor óptico de primera generación basado sobre un transductor Blanco de Prusia generado *in situ* para el peróxido de hidrógeno. Este biosensor óptico de transmisión de un paso, exhibe sensibilidades en el rango milimolar de concentración. Los biosensores son bastante estables lo que se debe a la presencia de una red de poli(pirrolil ácido benzoico) en el material compuesto. Este polímero orgánico juega un papel dual tanto como agente enlazante para el material inorgánico como soporte para la fuerte inmovilización covalente de moléculas enzimáticas.

Las nano-partículas de Ag basadas en la resonancia de plasmón de superficie localizado (LSPR) del nano-sensor conduce a la bio-detección ultra sensitiva con instrumentación extremadamente simple, pequeña, ligera, robusta y de bajo costo. Haes, A., y Van Duyne, R., (2003) usando espectroscopia LSPR, el sistema modelo, con superficie biotinilada-nano-triangulos de Ag confinados, detectaron desde concentraciones menores a un picomolar hasta concentraciones micromolares, de estreptavidina. El sistema fue rigurosamente probado para interacciones de enlazamiento no específicas y se encontró que no muestra virtualmente resultados adversos. Estos resultados representan nuevos avances importantes en el desarrollo del nano-biosensor LSPR para aplicaciones en diagnóstico médico, investigación biomédica, y ciencias del medioambiente.

Biosensores desarrollados para el control de los procesos industriales

Un biosensor de bienzima para la determinación simultánea de glucosa y fructosa fue desarrollado por Campuzano, S et al (2004), utilizando la co-inmovilización de la glucosa oxidasa (GOD) fructosa dehidrogenasa (FDH), y el mediador, tetratiafulvaleno (TTF), por retículo con glutaraldehído por encima, y la del ácido mercaptopropiónico (MPA) sobre un electrodo de disco de oro (AuE). Los autores reportaron el rendimiento de este electrodo bienzimático en un lote y en condiciones de inyección de flujo (FI), así como con una detección amperométrica en cromatografía líquida de alta resolución. El orden de inmovilización de la enzima en la parte superior afectó la respuesta amperométrica del biosensor en términos de sensibilidad, seleccionando el orden de inmovilización GOD, FDH, TTF. En los biosensores para glucosa y fructosa con el electrodo de bienzima, se lograron características analíticas similares a aquellas obtenidas con GOD o FDH simple basados en monocapa auto-ensamblada, indicando que no hubo cambios notables en las respuestas del biosensor a los analitos, ocurridos como consecuencia de la co-inmovilización de ambas enzimas sobre el mismo MPA-AuE. Los autores evaluaron si el biosensor de bienzima era adecuado para los análisis de muestras reales bajo condiciones de inyección en flujo, determinando la glucosa en dos muestras de suero certificadas. Pudo realizarse la determinación simultánea de glucosa y fructosa en la misma muestra en miel, bebidas refrescantes de cola, y en jugo de manzana comercial.

Holliman, P et al (2003), señalan que el glutaraldehido es usado comúnmente en hospitales como un agente de esterilización frío para los equipos médicos que podrían ser dañados si se esterilizan en autoclave. El proceso de esterilización frecuentemente involucra lavado manual del equipo, y este procedimiento puede exponer al personal a los vapores de glutaraldehido los cuales son irritantes de los ojos, nariz, garganta y piel. Se ha investigado los efectos de la humedad relativa (40–90% RH) y la variación de las concentraciones de vapor de glutaraldehido (v 0,1 ppm) sobre la respuesta de un sensor electroquímico celda combustible en el tiempo (0–400 s). Estos estudios han identificado cambios en la respuesta de la celda combustible con el tiempo después del muestreo. En particular, se ha encontrado que la máxima salida de la celda para los vapores de agua ocurre 10 s después del muestreo, en cambio la respuesta al glutaraldehido ocurre mucho después (100 s). Para mezclas conteniendo diferentes relaciones de vapores de agua y glutaraldehido, el tiempo que toma alcanzar la máxima respuesta de la celda combustible varía entre 10 y 100 segundos, dependiendo de la relación de los dos vapores. Por ejemplo, se encontró que vapores de glutaraldehido conteniendo mayores humedades relativas (%HR), necesitan tiempos más cortos para alcanzar la máxima respuesta a la celda combustible. Se hizo una comparación entre medir las concentraciones del vapor de glutaraldehido en presencia de vapor de agua a la máxima respuesta de la celda de combustión y también a intervalos fijos (240 segundos) después del muestreo. Tal comparación dio como resultado una reducción en el error estándar de 36% a 5% para la muestra de vapor de glutaraldehido (0.023 ppm) medido a diferentes niveles de humedad relativa (40 a 80%). Examinando el efecto del volumen de muestra (30–60 ml) sobre la respuesta de la celda de combustión, se encontró una respuesta de aproximadamente el doble en la celda de combustión. La optimización de los parámetros de medida de la celda de combustión para medir muestras de 60 ml conduce a una disminución del límite de detección desde 0.083 ppm (para los datos tomados a la respuesta máxima de la celda) a 0.017 ppm para los datos medidos a 240 segundos después del muestreo.

Un biosensor de ácido fórmico en fase gaseosa basado en enzimas fue desarrollado por Mattias, K et al (2003), y el mismo fue validado con la selectividad del analito y su uso en el lugar de trabajo. Para poder estar seguros de las medidas realizadas, se expuso el compuesto de interés del biosensor a tres estructuras homologas al ácido fórmico (ácido acético, metanol y formaldehído). Estos vapores fueron generados con y sin ácido fórmico y se encontró que solo hubo respuesta del biosensor con ácido fórmico, (aun cuando el ácido acético dio una pequeña respuesta). Los ensayos de campo fueron realizados en una fábrica usando pega que contenía ácido fórmico para productos Glulam (los cuales son de madera laminada pegada). Se utilizaron métodos de referencia para el muestreo y análisis de ácido fórmico, en paralelo a las medidas con los biosensores. Los autores encontraron que si el biosensor se usó en posición estacionaria, trabajó satisfactoriamente en este medioambiente. También mostraron que el biosensor pudo determinar concentraciones del vapor de ácido fórmico por debajo a 0.03 mg/ m^3.

Khijwania, S., Srinivasan, K., y Singh,J., (2005), reportaron un sensor de fibra óptica para medir la humedad relativa (HR), basado en la espectroscopia de absorción de la onda evanescente, usando una fibra de silica doblada en U con alto rango dinámico y alta sensibilidad. El sensor fue fabricado usando delgadas capas de polímero de $CoCl_2$ dopado cubierto sobre el corazón de la fibra. Se investigó la respuesta del sensor en términos del grosor del revestimiento químicamente sintetizado sobre la sonda en U, y el efecto del diámetro del centro de la fibra sobre la sensibilidad. Se observó que la fibra con menor diámetro central fue la más sensitiva. Además, los autores observaron que el sensor tuvo una respuesta mas rápida a la humedad relativa, y fue completamente reversible, y repetible con un gran rango dinámico.

Tünnemann, R (2001) presentó el diseño, caracterización y uso de un biosensor óptico adecuado para el proceso de control de procesos biotecnológicos. El principio del detector está basado en espectroscopia de interferencia reflectométrica (RIfS), la cual permite un monitoreo de producto específico, libre de marcaje, fuera de línea para el proceso de control en línea. Este biosensor puede utilizarse en el monitoreo cualitativo y cuantitativo de producción microbiana de antibióticos glicopeptidos tipo vancomicina.

Biosensores desarrollados para análisis toxicológicos

Pellinen T, Huovinen T, Karp M. (2004), presentaron un biosensor de célula libre para la detección de transcripción inducida por ligandos de moléculas pequeñas específicas. Como sistemas modelos, se usaron tetraciclina y promotores de mercurio-inducible conteniendo luciferasa de luciérnagas como gen reportador. Los autores prepararon el extracto de *Escherichia coli* S30 y este fue usado en reacciones de transcripción-translación acopladas. Los autores pudieron estudiar las interacciones represor-operador optimizando las concentraciones relativas de cada componente. Previamente, se llevó a cabo la detección de tetraciclina y mercurio usando regulación transcripcional similar en la totalidad de las células vivientes. Los resultados obtenidos por los autores al comparar con los biosensores con toda la célula viviente, mostraron mejor sensibilidad para la detección de tetraciclina y se evitó el efecto tóxico del mercurio en el sistema de la célula libre. Como el sistema omite el cultivo de células y membranas bacteriales como inhibidores de moléculas de paso, es posible llevar a cabo ensayos en tiempos mucho mas cortos y sin el uso de organismos genéticamente modificados.

Un biosensor electroquímico para la detección de ácido dicloro-fenoxi acético (2,4-D) basado sobre un electrodo de pasta de carbón de pantalla impresa (SPE), fue desarrollado por Shyuan, L et al (2006). La película del biosensor fue depositada sobre el SPE fue una película sol-gel/quitosano conteniendo la enzima fosfatasa alcalina inmovilizada (ALP). El herbicida 2,4-D fue determinado por la inhibición cuantitativa sobre la enzima fosfatasa alcalina. El ácido ascórbico 2-fosfatato (AA2P) fue usado como sustrato para indicar la inhibición por 2,4-D. Se monitoreó la reacción enzimática con el sustrato amperométricamente al potencial de +600 mV y el pH óptimo fue 8,5. El rango de respuesta lineal hacia el sustrato AA2P fue 10–80 μM. Para la determinación de 2,4-D, la máxima inhibición de la fosfatasa alcalina fue conseguida después de 80 ppb (60 % de inhibición) 2,4-D con un rango de respuesta lineal de 2- 80 ppb.

Biosensores desarrollados para estudios cinéticos

Los biosensores ópticos han incrementado su uso, en la determinación de la cinética y las constantes de equilibrio para una variedad de interacciones biomoleculares. Usualmente estos biosensores requieren una biomolécula, el ligando, a ser covalentemente ligado a una matriz de hidrogel el cual por si mismo esta enlazado a la superficie sensora. La pareja de los ligandos, el ligado, se enlaza desde la solución resultando en un cambio medible en la respuesta, la cual el instrumento graba como una función del tiempo. Aunque en muchos casos, los biosensores ópticos son usados para obtener parámetros que relacionan las interacciones en solución, se hace claro que las medidas que involucran la interacción del ligado con los ligandos inmovilizados sobre superficies requieren un diseño experimental cuidadoso. Edwards, P., Lowe, P., y Leatherbarrow, R., (1997), reportaron cómo la densidad del ligando cargando dentro de la matriz de hidrogel afecta las interacciones cinéticas medidas. Los autores encontraron que empacando al ligando dentro de esta matriz se obtuvo como resultado una reducción significativa en la constante de velocidad medida, con un correspondiente efecto en la afinidad total calculada.

Señala Cooper, M (2002) que los biosensores ópticos que usan la resonancia de plasmón de superficie, guías de onda y espejos resonantes han sido usados ampliamente en la década pasada para analizar interacciones biomoleculares. Estos sensores permiten la determinación de la afinidad y cinética de una amplia variedad de interacciones moleculares en tiempo real, sin la necesidad de una marca molecular. Los avances en instrumentación y el diseño experimental han conducido a una incrementada aplicación de biosensores ópticos en muchas áreas del descubrimiento de drogas, incluyendo identificación de objetivos, pesca de ligandos, evaluación de desarrollos, selección del conductor, y control de calidad en la manufactura.

BIOSENSORES EN LA INDUSTRIA

.Los sensores químicos y los biosensores se encuentran entre las técnicas analíticas de mas rápido crecimiento y tienen un amplio rango de sistemas de sensibilidad, como los sensores sensibles de masa, sensores sensibles térmicos, (Eggins, B. 2002., Ligler, F., y Rowe Taitt, C. 2002), sensores biomédicos (Engin, MM et al. 2005), entre otros.

En las décadas pasadas, la biotecnología y los campos médicos han visto grandes avances en el desarrollo de nuevas tecnologías que abren nuevos horizontes para identificar y cuantificar bio-moléculas, y diagnosticar enfermedades. Los nanosensores y biochips han sido desarrollados para aplicaciones biológicas y médicas. (Vo-Dinh, T., Cullum, y B., Stokes, D. 2001).

Castillo, J et al (2004), señalan que los biosensores, que combinan un elemento de reconocimiento biológico selectivo y un transductor sensible, son herramientas analíticas versátiles aplicadas cada vez mas en diferentes campos, tales como la medicina, control de la seguridad y calidad de los alimentos y monitoreo de contaminación medioambiental. Se espera que jueguen un papel cada vez mayor en el mejoramiento de la calidad de vida. Señala Ziegler, K (2005), que los nanobiotecnólogos están desarrollando dispositivos que pueden medir enzimas específicas y proteínas con precisión, proporcionando aplicaciones de biosensores altamente sensibles.

Entre las características deseables de los biosensores se encuentran: deben ser no invasivos o mínimamente invasivos, bajo costo, fáciles de usar, reproducibles, de alta sensibilidad y especificidad.

Los biosensores presentan un amplio campo de uso entre los que se encuentran:

Área de la salud

El cuidado de la salud es el área principal para la aplicación de los biosensores y sensores químicos (quimiosensores). Las medidas de sangre, gases, iones y metabolitos, son necesarias regularmente para mostrar al paciente su estado metabólico (especialmente en aquellos que se encuentran hospitalizados y aun más si están en cuidados intensivos). Muchos de estos sustratos han sido determinados en muestras de urea y sangre que son tomadas del laboratorio médico analítico para el análisis químico, pero este análisis no puede completarse en horas o incluso en días. El uso de sensores y biosensores para pruebas rápidas, hace posible que los resultados sean obtenidos en minutos o menor tiempo.

La necesidad en el campo de la ingeniería biomédica tanto de técnicas de ensayo como de dispositivos no invasivos, está incrementando con medios cada vez mas sofisticados de diagnósticos y para los tratamientos de la enfermedad. Por ejemplo se podría disponer de un dispositivo que le indique al paciente si necesita dializarse. También podría disponerse de dispositivos para monitorear los químicos en el aire o en un flujo, que alerten de problemas o sustancias tóxicas.

El colesterol es un constituyente esencial de las membranas celulares y la regulación de su concentración es crítica para las funciones celulares, incluyendo la señalización. Fang Y, Ferrie AM, y Li G. (2006) aplicaron un biosensor de reja rallada de guía de onda resonante (RWG) para estudiar las funciones celulares del colesterol a través del monitoreo en tiempo real de la redistribución de la masa dinámica mediada por la reducción de colesterol con metil-beta-ciclodextrina (mbetaCD). En las células A431, la reducción del colesterol por mbetaCD conduce a una redistribución de la masa dinámica que fue similar, pero no idéntica a la inducida por el factor de crecimiento epidermal. Para elucidar los mecanismos celulares de la señal de redistribución de la masa dinámica mediada por la reducción del colesterol, fue utilizado un panel de moduladores que específicamente modularon las actividades de varios objetivos celulares, para pre-tratar las células. Los resultados mostraron que las señales de redistribución de la masa dinámica disparadas por la reducción en el colesterol están primeramente ligadas a la trans-activación del receptor del factor de crecimiento epidermal. Múltiples vías de señalización incluyen Ras/ proteína mitogénica activada quinasa (MAP), proteína quinasa C (PKC) y fosfatidilinositol 3-quinasa (PI3K) que actúan sinérgicamente en la respuesta celular, donde se encontró que la activación del camino de la proteína quinasa A (PKA) antagoniza la respuesta de la célula.

Los sensores inteligentes modernos, basados en transiciones de efecto de campo pueden combinar varias medidas en una unidad de sensor. Esto particularmente se aplica en el caso de sensores de iones para sodio, potasio, calcio y pH. También se pueden hacer consideraciones para combinaciones de biosensores (glucosa, lactato y urea, p. ej).

Los biosensores ópticos tienen un gran mercado de aplicaciones en el análisis de enfermedades de transmisión sexual, virus de inmunodeficiencia adquirida, prueba para tuberculosis, enfermedades coronarias, embarazo, sensor de glucosa, cáncer .

Un nuevo biosensor para glucosa fabricado por auto-ensamblaje de doble capa de segunda red del (3-mercaptopropil)-trimetoxixilano (MPS), nano-partículas de oro y glucosa oxidasa (GOD), sobre sustrato de oro fue estudiado por Zhong, X et al (2005). Un electrodo limpio de oro fue primeramente inmerso en una solución de MPS en etanol, para producir una monocapa auto ensamblada, y luego las unidades de xilano fueron polimerizadas en una segunda red sumergiéndolas en una solución acuosa de NaOH. La segunda capa de xileno fue luego formada por retro-inmersión en la solución MPS toda la noche, y luego las nano-partículas de oro fueron quimioabsorbida sobre los grupos tioles de la segunda capa de xilano. Finalmente, la GOD fue adsorbida sobre las superficies de las nano-partículas. El proceso modificado fue caracterizado por espectroscopia de impedancia electroquímica (EIS), y voltametría cíclica (CV). También fueron estudiados los parámetros analíticos, tales como pH y temperatura. Con la ayuda de $Co(byp)^{33+}$ como el mediador en la solución, el electrodo mostró una excelente respuesta electro-catalítica a la glucosa. Los picos de corriente fueron proporcionales a la concentración de glucosa en el rango de 4.00×10^{-10} a 5.28×10^{-8} M con un coeficiente de correlación de 0.99. Más aun, estos electrodos modificados, exhiben una buena estabilidad y sensibilidad.

Zhang, S et al (2005), desarrollaron un método factible para fabricar el biosensor de glucosa, anexando la glucosa oxidasa a un electrodo de Au, modificado de monocapa de nano-partículas de oro. La Voltametría cíclica realizada en presencia de exceso de glucosa y el mediador artificial redox, ferrocenometanol, permitió cuantificar la concentración superficial de enzimas eléctricamente cableadas (ΓE0) sobre las bases de modelos cinéticos reportados en la literatura. El ΓE0 sobre el electrodo propuesto fue alto a 4.1×10^{-12} mol/cm^2 , el cual fue mas de cuatro veces de la inmovilización directa del electrodo de enzima por cistamina sin capa intermediaria de nano-partículas de oro y 2,4 veces de una monocapa saturada de GOx sobre la superficie del electrodo. Se investigó el rendimiento analítico de este biosensor por amperometría. El sensor proporcionó una respuesta lineal a la glucosa sobre el rango de concentración de 2.0×10^{-5} – 5.7×10^{-3} M con una sensibilidad de 8.8 μA ·m/M ·cm^2 y un límite de detección de 8.2 μM. La constante aparente de Michaelis–Menten (Kmapp) para el sensor fue de 4,3 mM. Además, el sensor tuvo buena reproducibilidad, y puede permanecer estable por 30 días.

Ghica, M., y Brett, C., (2005) desarrollaron un nuevo electrodo de enzima de violeta de metilo mediado amperométricamente, sensible a la glucosa usando sustratos de electrodo de películas de carbono. Los electrodos de películas de carbono, a partir de resistencias fabricadas por deposición pirolítica de carbono fueron modificados por inmovilización de la glucosa oxidasa a través del retículo con glutaraldehído en presencia de albúmina de suero de bovino. El mediador, metil viologen, fue directamente inmovilizado con la enzima en conjunto con el polímero de intercambio cationico Fafion. Fue investigada la electroquímica de la glucosa oxidasa/electrodo modificado metil viologen, por voltametría cíclica y por espectroscopía de impedancia electroquímica. Se evaluó la respuesta del biosensor a la glucosa, amperométricamente; el límite de detección fue 20 μM, el rango lineal extendido a 1.2 mM y la reproducibilidad de alrededor del 3 %. El sensor mostró buena estabilidad por varias semanas cuando se almacenó en buffer fosfato a 4 °C.

Tohda, K., y Gratzl, M. (2006), describieron un arreglo micro-miniatura de cápsulas sensoriales para el monitoreo óptico de pH, potasio y glucosa. La tecnología del optrodo, traduce los niveles iónicos respectivos en variables de colores de ionoforo/colorante/líquido polimérico, micro granos rellenos en cápsulas individuales. La Glucosa se monitoreó indirectamente, acoplándola a través de la glucosa oxidasa (GOX) inmovilizada en vedas microscópicas basadas en celulosa acetato ftalato (CAP) que son rellenos en otra microcápsula junto con vedas microscópicas ópticas sensitivas al pH. El electrolito y las cápsulas sensibles de glucosa son encajados en una barra de acetato de celulosa transparente de 300 -500 µm y 2-2.5 mm de largo, llamada el sensor Oliver, que incluye también una cápsula blanca hecha de micro-granos sin colorante para referencia óptica. Añadiendo futuras capsulas encargadas, pueden monitorearse combinaciones de analitos en contextos biomédicos y no biológicos.

Los biosensores, especialmente los inmunosensores, son de gran valor para ser usados en el escenario clínico, ya que estos están basados en las reacciones antígeno-anticuerpo las cuales son altamente sensitivas y específicas. Más aun, se hace cada vez más importante medir compuestos específicos en matrices biológicas, tales como sangre o plasma, de manera rápida y continua. Los biosensores son, por lo tanto, adecuados para la aplicación en sistemas de alto rendimiento en el procesamiento. Hasta ahora solamente han sido desarrollados los biosensores enzimáticos para estos sistemas. También se están desarrollando biosensores para una proteína que se enlaza a los ácidos grasos (FABP), (una proteína que sale rápidamente al flujo sanguíneo después de un daño al miocardio), y que puede utilizarse como marcador de plasma después de ocurrir un daño agudo al miocardio (van der Voor , D., et al 2005).

La telomerasa humana juega un papel importante en la carcinogénesis porque ésta se encuentra entre el 80 y el 90 % de los tumores malignos, es por esto que se considera como un marcador potencial de cáncer y es de gran importancia en oncología. Schmidt, P et al (2002), desarrollaron un nuevo ensayo con biosensores, basado en la fluorescencia de la reflexión interna total, midiendo la actividad de la telomerasa sobre la superficie del sensor. La comparación de la actividad de la telomerasa usando nucleotidos marcados y no marcados, indicaron que el efecto de la inhibición de los nucleotidos marcados disminuyeron la velocidad de síntesis de la enzima.

Control de procesos industrials.

El uso de biosensores en el control y a la automatización de procesos, ayudan a garantizar la seguridad de los mismos.

El desarrollo de procedimientos rápidos de detección permitirá la reducción de costos en la industria y un control más exhaustivo de las materias primas, el control del proceso y en los productos elaborados. Las agencias reguladoras y los laboratorios de control de calidad, podrán en un futuro disponer de biosensores portátiles capaces de realizar análisis de alimentos de manera más rápida y económica.

Actualmente, los sensores son utilizados en varios procesos de fermentación en tres formas diferentes: en un laboratorio fuera de línea, fuera de línea pero cerca del sitio de operación, y en línea en tiempo real. Hasta el presente el monitoreo en tiempo real se confina a medidas tales como la temperatura y el pH, mediciones de dióxido de carbono y oxígeno. Sin embargo se dispone de biosensores para monitorear azúcares, levaduras, maltas, alcoholes, compuestos fenólicos, entre otros. Estos monitoreos dan como resultado una mejora en la calidad del producto, mayor rendimiento de los productos, chequeo de la tolerancia de las variaciones en la calidad de las materias primas, eficiencia optimizada de energía (mejorando la automatización de la planta) y menos dependencia de criterios humanos.

Existe un amplio rango de aplicación en la industria de los alimentos y bebidas. Gonzalez, V et al (2005), señalan que actualmente los biosensores son potentes herramientas de análisis con numerosas aplicaciones en la industria agroalimentaria, y sus características más destacables que los convierten en opciones altamente competitivas son su especificidad, su alta sensibilidad, su corto tiempo de análisis, su capacidad de inclusión en sistemas integrados, su facilidad de automatización, su capacidad de trabajar en tiempo real, su versatilidad y su bajo costo.

Con la finalidad de estimar los compuestos fenólicos contenidos en vinos blancos y rojos, Carralero, V et al (2005), reportaron la preparación de un biosensor de tirosinasa basado en la inmovilización de la enzima sobre un electrodo de carbono vidriado modificado con nano-partículas de oro electrodepositado (Tyr-nAu-GCE). La enzima inmovilizada por retículo con glutaraldehido retiene una alta bioactividad sobre este material del electrodo. Bajo las variables de trabajo optimizadas (un potencial de electro deposición de Au de −200 mV por 60 s, una carga de enzima de 457 U, un potencial de detección de −0.10 V y una solución de buffer fosfato de 0.1 mol/L de pH 7.4 como medio de trabajo), el biosensor exhibió una rápida respuesta a los cambios en la concentración de sustrato para todos los compuestos fenólicos evaluados: fenol, catecol, ácido cafeico, ácido clorogénico, ácido gálico y protocatecolaldehido. Se obtuvo una desviación estándar relativa de 3,6 % (n = 6) de los valores de la pendiente de las gráficas de calibración sucesivas para el catecol con el mismo Tyr-nAu-GCE, sin necesidad de aplicar un procedimiento de limpieza al biosensor. El tiempo de vida útil de un solo biosensor fue de al menos 18 días, y se obtuvo una DER de 4,8 % para los valores de las pendientes de las curvas de calibración obtenidas con cinco biosensores diferentes. Al aplicarse el Tyr-nAu-GCE para la estimación de los compuestos fenólicos contenidos en vinos blancos y rojos, se obtuvo una buena correlación de los resultados (r= 0.9990) cuando fueron graficados en comparación con los obtenidas usando el método espectrofotométrico que involucra al reactivo de Folin–Ciocalteau.

Monitoreo medioambiental

Existe un enorme rango de analitos potenciales en el aire, agua, suelos y otras situaciones medioambientales. Las mediciones en agua incluyen Demanda Bioquímica de Oxígeno (DBO), acidez, salinidad, nitrato, fosfato, calcio y fluoruro, mientras los pesticidas, fertilizantes y desperdicios tanto industriales como domésticos requieren análisis extensivos. Se requiere un monitoreo en tiempo real para algunas sustancias y ocasionalmente medidas al azar para otras. Además de las aplicaciones obvias de contaminación, áreas como la agricultura, la jardinería, la ciencia veterinaria y la minería, también necesitan de los sensores para el monitoreo medioambiental.

El control continuo, *in situ* de la calidad del aire, agua y tierra es fundamental para la mayoría de las aplicaciones medioambientales. Un sensor químico de bajo costo y no invasivo proporciona una técnica adecuada para el control *in situ*. Los estudios publicados reportan resultados prometedores a pesar de un número de limitaciones que están asociadas tanto con la tecnología en si misma como con sus aplicaciones en cualquier ambiente de condiciones cambiantes. Anteriores investigaciones incluyen el análisis de sustancias sencillas así como el control de carga orgánica en aguas residuales y olores. Las aplicaciones reportadas típicamente resaltan la sensibilidad de los sensores actuales disponibles a cambios en la temperatura, humedad y velocidad de flujo (Bourgeois, W et al. 2003)

Martínez-Máñez, R et al (2005), desarrollaron una lengua electrónica y la usaron para análisis cualitativo de aguas naturales. Fueron usados alambres y superficies conductoras en tecnología de capa densa como electrodos potenciométricos y la fuerza electromotriz de cada electrodo en contacto con cierta solución acuosa fue usada como una señal de entrada para un análisis de componentes principales. Fue utilizado en una primera aproximación un arreglo conteniendo dos electrodos; RuO_2 (con resistividades de Ω/sq y 1 MΩ/sq), C, Ag, Ni, Cu, Au, Pt, Al, Sn, Pb y C (grafito). Para probar este diseño de "lengua electrónica", se estudiaron una familia de diferentes aguas naturales. Estas incluyeron siete aguas minerales, agua de grifo y agua de osmosis. El sistema final fue empleado exitosamente para la diferenciación de las aguas anteriormente mencionadas con una relación de éxito mayor al 93 %.

El impacto de los contaminantes en suelos no se determina solamente por la carga de contaminantes totales sino también de la fracción biodisponible. Los suelos están raramente contaminados con un solo contaminante, por el contrario se presentan una mezcla de contaminantes y sus subsecuentes metabolitos. Tiensing, T., Strachan, N., y Paton, G (2002), realizaron una evaluación de la toxicidad de tres compuestos de clorofenol (2,4-diclorofenol (2,4-DCP), 2,4,6-triclorofenol (2,4,6-TCP) y pentaclorofenol (PCP)), individualmente y en combinaciones, en agua desionizada, extractos de suelo y suelos usando biosensores microbianos marcados: *Escherichia coli* HB101 pUCD607 y *Pseudomonas fluorescentes* 10586r pUCD607. Estos biosensores respondieron a la fracción biodisponible de contaminantes, permitiendo un ensayo rápido y ecológicamente importante de toxicidad. Se pudo predecir las respuestas a la interacción de la toxicidad de las mezclas contaminantes después de evaluar los compuestos individuales. Se observaron interacciones sinergísticas en la respuesta de *P. fluorescente* a todas las combinaciones de clorofenoles estudiadas, mientras las respuestas a la toxicidad de *E. coli*, varió con las matrices ensayadas.

Chay, T., Surif, S., y Heng, L. (2005), desarrollaron un biosensor para medir la toxicidad delcobre basado en *anabaena torulosa* inmovilizada. Las células vivas de la cianobacteria fueron inmovilizadas en una membrana de poli (2-hidroxil etil metacrilato) (pHEMA) y estaban en interfase con un electrodo de oxígeno. El dispositivo analítico permitió monitorear la inhibición celular debido a la toxicidad del cobre a través de los cambios de la salida de oxígeno fotosintético. El 50 % de la respuesta inhibitoria al Cu fue entre 0,5 – 0,7 mg/L Cu dependiendo de la edad de la célula. El rango de respuesta lineal al Cu estuvo de 0,3 – 1,0 mg/L Cu (R^2 = 0,9627). El biosensor de la célula completa demostró rápida respuesta (<5 min) y la inhibición de la actividad fotosintética fue reproducible (DER = 0 -14 %).

Dzyadevych, S et al (2005), desarrollaron biosensores potenciométricos y conductimétricos basados en colinesterasas inmovilizadas. Fue realizada la detección de algunos pesticidas organofosforados (metilparation, metilparaoxon, etilparaoxon, triclorofon, diisopropil fluorofosfatos) y pesticidas de carbamato (carbofurano) a través de mecanismos de inhibición enzimático. La comparación de senstividad de los sistemas de biosensor desarrollados con las técnicas analíticas tradicionales (Cromatografía líquida de alto rendimiento y ensayos basados en Lumistox sobre la bacteria luminiscente *Vibrio fischeri*) mostró que los procedimientos para medir con biosensores sirven para un rápido control medioambiental.

Por otra parte, Svitel, J et al (2001), desarrollaron superficies biosensoras aptas para inmunoensayos quimiluminiscentes de pesticidas. Los autores ensayaron dos propuestas para construir superficies funcionalizadas. A) el pesticida fue inmovilizado sobre la superficie e interactuó con un anticuerpo marcado. B) el anticuerpo fue inmovilizado e interactuó con un pesticida marcado. Se usaron fosfatasa alcalina y peroxidasa marcadas, con sus correspondientes sustratos CSPD (disodium 3-(4-metoxispirol (1,2-dioxetan-3,2´-(5´cloro) triciclo [3,3,1,1]decan]-4-y-fenilfosfato) y luminol, respectivamente. La luz producida por sustratos quimiluminiscentes fue detectada por una cámara CCD termo-eléctricamente enfriada o un foto-multiplicador. Se obtuvo el mejor límite de detección (0,00001 ng/ml usando anticuerpos inmovilizados a la superficie dextran-incrementada. Se obtuvo una superficie completamente renovada usando interacción reversible lectina-monosacárido, y esta fue usada para 200 análisis sin pérdida de capacidad de enlazamiento, se logró una estabilidad más favorable y un menor costo por análisis con polímeros molecularmente impresos (MIP) en lugar de anticuerpo.

REVISIÓN BIBLIOGRAFICA

Akkoyun, A., Kohen, V y Bilitewski, U. 2000. Detection of sulphamethazine with an optical biosensor and anti-idiotypic antibodies. Sensors and Actuators B. Vol 70. pp 12-18.

Aluoch, A., Amrute, K., y Sadik, O. 2005. Novel Electrochemical Oral Biosensor for Histatin. Sensor Letters, Vol. 3, n. 2, pp. 161-163.

Álvarez, M., Carrascosa,, G., Moreno, M., Calle, A., Zaballos, A., Lechuga,, L., Martínez-A, C., y Tamayo, J. 2004. Nanomechanics of the Formation of ADN Self-Assembled Monolayers and Hybridization on Microcantilevers. Langmuir Vol. 20, pp. 9663-9668.

Arroyo, M. 1998. Inmovilización de enzimas. Fundamentos, métodos y aplicaciones. Ars Pharmaceutica, Vol. 39, n.2, pp 23-39.

Basu, I., Subramanian, R., Mathew, A.,Chadha, A y Bhattacharya, E. 2004. Potentiometric Biosensors Based on Silicon and Porous Silicon. Nanotech 2004 Vol. 1. pp 224 – 227.

Bourgeois, W., Romain, A-C, Nicolas, J y Stuetz, R. 2003.The use of sensor arrays for environmental monitoring: interests and limitations. J. Environ. Monit., Vol 5,pp. 852–860.

Campuzano, S., Loaiza, O., Pedrero, M., de Villena, F. y Pingarrón, J. 2004. An integrated bienzyme glucosa oxidase–fructose dehydrogenase–tetrathiafulvalene-3-mercaptopropionic acid–gold electrode for the simultaneous determination of glucosa and fructose. Bioelectrochemistry . Proceedings of the XVIIth International Symposium on Bioelectrochemistry and Bioenergetics Vol. 63, n 1-2 , pp. 199-206 .

Carralero, V. ., Mena, M.,. González-Cortés, A ., Yáñez-Sedeño, P y Pingarrón, J. 2005. Development of a tyrosinase biosensor based on gold nanoparticles-modified glassy carbon electrodes. Application to the measurement of a bioelectrochemical polyphenols index in wines. Analytica Chimica Acta. Vol. 528, n. 1 , 3, pp. 1-8

Castillo, J. Gáspár, S. Leth, S. Niculescu, M. Mortari, A. Bontidean, I. V Soukharev, . S. Dorneanu, A. Ryabovc, A. y Csöregi, E. 2004 Biosensors for life quality Design, development and applications. Sensors and Actuators B: Chemical
Vol. 102, n. 2, pp. 179-194.

Castillo, J., Gaspar, S., Sakharov, I., y Csöregi, E. 2003. Bienzyme biosensors for glucose, ethanol and putrescine built on oxidase and sweet potato peroxidaseBiosensors and Bioelectronics. Vol 18, n. 5-6 , pp. 705-714

Chay, T., Surif, S., y Heng, L. 2005. A Copper Toxicity Biosensor Using Immobilized Cyanobacteria, Anabaena Torulosa. Sensor Letters, Vol 3, n. 1-4, , pp. 49-54.

Chee, GJ., Nombra, Y., Ikebukuro, K., y Karube, I.2000. Optical fiber biosensor for the determination of low biochemical oxygen demand. Biosens Bioelectron. Vol. 15. n. 7-8. pp. 371-376.

Chiu, M., Wang, S., y Chang, R. 2005. D-type fiber biosensor based on surface-plasmón resonance technology and heterodyne interferometry. Opt. Lett. 30, 233-235

Ciucu, A., Negulescu, C., y Baldwin, R., 2003. Detection of pesticides using an amperometric biosensor based on ferophthalocyanine chemically. Biosensors and Bioelectronics .Vol. 18, n. 2-3 , pp. 303-310.

Cooper, M 2002. Optical biosensors in drug discovery Nat Rev Drug Discov. Vol 1. n. 7, pp. 515-528.

Danilov, V. y Ismailov, A. 1989. Bacterial Luciferase as a biosensor of biologically active compounds. Applied biosensors. Editado por Donald Wise. Butterworth Publishers. USA.

Deisingh, A., y Thompson, M. 2004. Biosensors for the detection of bacteria. Can. J. Microbiol./Rev. can. microbiol. Vol. 50. n. 2.pp. 69-77.

Dell'Atti, D., Tombelli, S., y Minunni, M. 2006. Detection of clinically relevant point mutations by a novel piezoelectric biosensor. Biosensors and Bioelectronics
Vol 21, n. 10 , pp. 1876-1879

Dzyadevych, S., Soldatkin, A., Arkhypova, V., El'skaya, A., Chovelon, J., Georgiou, C., Martelet, C., y Jaffrezic-Renault, N.2005. Early-warning electrochemical biosensor system for environmental monitoring based on enzyme inhibition.Sensors and Actuators B: Chemical.Vol 105, n 1, pp. 81-87

Edwards, P., Lowe, P., y Leatherbarrow, R., 1997. Ligand Loading at the Surface of an Optical Biosensor and its Effect upon the Kinetics of Protein–Protein Interactions. J. Mol. Recogn. Vol 10, pp. 128–134

Eggins, B. 2002. Chemical Sensors and Biosensors, John Wiley and Sons

Engin, M., Demirel, A., Engin, E., y Fedakar, M. 2005. Recent developments and trends in biomedical sensors. Measurement.Vol 37, n. 2 , pp. 173-188.

Fang Y, Ferrie AM, y Li G. 2006. Cellular functions of cholesterol probed with optical biosensors. Biochim Biophys Acta. Vol. 1763. n.2. pp. 254-61

Fernandez, P., Durand, JS., Perez-Conde, C., Paniagua, G. 2003. Permanently oriented antibody immobilization for digoxin determination with a flow-through fluoroimmunosensor. Anal Bioanal Chem. Vol. 375 n. 8. pp. 1020-1023

Ferreira, M., Fiorito, P., Oliveira, O., y Córdoba de Torresi, S., 2004. Enzyme-mediated amperometric biosensors prepared with the Layer-by-Layer (LbL) adsorption technique. Biosensors and Bioelectronics Vol. 19, n. 12 , pp. 1611-1615.

Gaberlein, S., Spener, F y Zaborosch, C. 2000. Microbial and cytoplasmic membrane-based potentiometric biosensors for direct determination of organophosphorus insecticides. Appl Microbiol Biotechnol. Vol. 54 n.5.pp. 652-658.

Ghica, M., y Brett, C., 2005. A glucosa biosensor using methyl viologen redox mediator on carbon film electrodes. Analytica Chimica Acta Vol 532, n. 2 ,pp. 145-151.

Ghindilis, A. 2000. Direct electron transfer catalysed by enzymes: application for biosensor development. Biochem. Soc. Trans. Vol. 28. pp 84–89

Gonzalez, V., García, E., Ruiz, O y Gago, L. 2005. Aplicación de biosensores en la industria agroalimentaria. VT Informe de Vigilancia Tecnológica. Elecé Industria Gráfica

Khijwania, S., Srinivasan, K., y Singh,J., 2005. An evanescent-wave optical fiber relativa humidity sensor with enhanced sensitivity. Sensors and Actuators B: Chemical
Vol. 104, n. 2.pp. 217-222.

Koncki, R,., Lenarczuk, T., Radomska, A., Glab, S. 2001. Optical biosensors based on Prussian Blue films Analyst. Vol. 126 n. 7.pp.1080-1085.

Haes, A., y Van Duyne, R., 2003 Nanoscale optical biosensors based on localized surface plasmón resonance spectroscopy. Proceedings of the SPIE Vol. 5221 Plasmónics: Metallic Nanostructures and Their Optical Properties, edited by Naomi J. Halas, Invited Paper, pp 47- 58.

Halámek, J., Přibyl, J., Makower, A., Skládal, P., y Scheller, W., 2005. Sensitive detection of organophosphates in river water by means of a piezoelectric biosensor. Analytical and Bioanalytical Chemistry. Vol. 382, n 8. pp. 1904 - 1911

Hanumegowda, N., White, I., Oveys, H., y Fan, X. 2005. Label-Free Protease Sensors Based on Optical Microsphere Resonators. Sensor Letters, Vol. 3, n 4, pp. 315-319.

Hasebe, Y., Gu, T., y Fueki, T. 2005. Lactato Biosensor Based on Coupled Lactato Oxidase/Peroxidase System Incorporated into the ADN/Poly(allylamine) Polyelectrolyte Membrane. Sensor Letters, Vol. 3, n. 4, pp. 304-308.

Holliman, P., Kalaji, M., Wheldon-Williams, R., Evan, D y Jones, T.2003. The influence of water vapour on the determination of glutaraldehyde vapour concentracións using an electrochemical fuel cell sensor . J. Environ. Monit., Vol 5,pp. 106–110.

Hulanicki A., Głąb S., Ingman F. 1991. Chemical sensors: definition and classification. Pure & Appl. Chem., Vol 63, 1247

Joshi, P., Merchant, S., Wang, Y y Schmidtke, D. 2005. Amperometric Biosensors Based on Redox Polymer-Carbon Nanotube-Enzyme Composites. Anal. Chem., Vol. 77. n. 10, pp. 3183 -3188

Kumar, A. 2000. Biosensors Based on Piezoelectric Crystal Detectors: Theory and Application. JOM-e, Vol. 52 n. 10.

Ladera, C. 2006. Fundamentos y aplicaciones de fibras ópticas. Universidad Simón Bolívar. Caracas, Venezuela

Lakard, S., Herlem, G., Propper, A., Kastner, A., Michel, G., Vallès-Villarreal, N ., Gharbi, T., Fahys, B. 2004. Adhesion and proliferation of cells on new polymers modified biomaterials. Bioelectrochemistry .Vol. 62, n. 1, pp. 19-27.

Lakard, B., Herlem, G., de Labachelerie, M., Daniau, W., Martin, G., Jeannot, J., Laurent, R., y Fahys, B. 2004. Miniaturized pH biosensors based on electrochemically modified electrodes with biocompatible polymers. Biosensors and Bioelectronics. Vol. 19, n. 6 , 15, pp. 595-606.

Lee, W. y Gail, H. 1996. Detection of Newcastle disease virus using an evanescent wave inamno-based biosensor.Can. J. Chem. Vol 74. pp 707-712. .

Lei, C., Hu, S., Gao, N., Shen, G., y Yu, R., 2004. An amperometric hydrogen peróxido biosensor based on immobilizing horseradish peroxidase to a nano-Au monolayer supported by sol–gel derived carbon ceramic electrode, Bioelectrochemistry , Vol. 65, n 1,pp. 33-39.

Lei, Y., Mulchandani, P., Chen, W., Wang, J y Mulchandani, A. 2004. Arthrobacter sp. JS443-Based Whole Cell Amperometric Biosensor for p-Nitrophenol. Electroanalysis, Vol. 16, n. 24.pp.2030-2034.

Levy, J., Turner, A., George, A y Pusey, C. 1996. Epitope analysis of the Goodpasture antigen using a resonant mirror biosensor. Clin Exp. Immunol. Vol 106. pp 79-85.

Li, Z., Jayasankar, S y Gray, D. 2001. An Improved Enzyme-Linked Immunoabsorbent Assay Protocol for the Detection of Small Lytic Peptides in Transgenic Grapevines (Vitis Vinifera). Plant Molecular Biology Reporter Vol. 19, pp. 341–351

Ligler, F., y Rowe Taitt, C. 2002. Optical Biosensors: Present and Future Editorial Reviews Publisher: Elsevier Science. Primera edición.

Mahony, J., Nolan, K., Smyth, M y Mizaikoff, B., 2005. Molecularly imprinted polymers —potential and challenges in analytical chemistry . Analytica Chimica Acta .Vol. 534, n.1 , 4 pp. 31-39.

Mannelli, I., Minunni, M., Tombelli, S., y Mascini, M. 2003. Quartz crystal microbalance (QCM) affinity biosensor for genetically modified organisms (GMOs) detection. Biosensors and Bioelectronics. Vol. 18, n. 2-3 , pp. 129-140.

Martínez-Máñez, R., Soto, J., Garcia-Breijo,E., Gil, L, Ibáñez, J., y Llobet, E., 2005., An "electronic tongue" design for the qualitative analysis of natural waters. Sensors and Actuators B: Chemical .Vol. 104,n. 2, pp. 302-307.koog, D., y Leary, J. 1994. Análisis Instrumental. Cuarta edición, Mc Graw-Hill/Interamericana de España, S.A. México.

Mattias, K., Sunesson, A-L, Jan-Olof Levin, y Turner, A.,2003. A gas-phase biosensor for environmental monitoring of formic acid: laboratory and field validation. J. Environ. Monit., Vol 5,pp. 477–482.

Maxwell, D., Taylor, J y Nie, S. 2002. Self-Assembled Nanoparticle Probes for Recognition and Detection of Biomolecules. Journal of The American Chemical Society. Vol 124, n. 32. pp 9606-9612.

Momynaliev, K., Govorun, V., Gnedenko, O., Ivanov, Y., y Archakov, A. 2003. The use of the resonant mirror biosensor to detect point mutations, as demonstrated with synthetic oligonucleotides. Journal of Molecular Recognition.. Vol 16, n. 1 , pp. 1 - 8

Muhonen, W y Shabb, J. 2000. Resonant mirror biosensor analysis of type Ialpha cAMP-dependent protein kinase B domain--cyclic nucleotide interactions. Protein Science, Vol 9, n 12 pp. 2446-2456

Oktar, O, Caglar, P y Seitz, R. 2005. Chemical modulation of thermosensitive poly(N-isopropylacrylamide) microsphere swelling: a new strategy for chemical sensing. Sensors and Actuators B: Chemical. Vol 104, n 2 , pp. 179-185.

Pellinen T, Huovinen T, Karp M. 2004. A cell-free biosensor for the detection of transcriptional inducers using firefly luciferase as a reporter. Anal Biochem. Vol. 330 n1 pp. 52-57.

Pérez Conde, C. 1996. Sensores Ópticos. Universidad de Valencia. España.

Pickup, J. 1989. Biosensors for Diabetes Mellitus. . Applied biosensors. Editado por Donald Wise. Butterworth Publishers. USA.

Pishko, M., Revzin, A y Simonian, A. 2002. Mass Transfer in Amperometric Biosensors Based on Nanocomposite Thin Films of Redox Polymers and Oxidoreductases. Sensors,Vol. 2, pp. 79-90

Rowe, C., Scruggs, S., Feldstein, M., Golden, J., Ligler, F. 2003. An array immunosensor for simultaneous detection of clinical analytes. Anal Chem. Vol 75, n. 5. pp. 1225.

Sanden, B., Eng L, y Dalhammar, G. 1998. An amperometric enzyme-linked immunosensor for Nitrobacter. Appl Microbiol Biotechnol. 1998 Vol. 50. n.6. pp. 710-716.

Schmidt, P., Lehmann, C., Matthes, E., Bier, F. 2002. Detection of activity of telomerase in tumor cells using fiber optical biosensors. Biosensors and Bioelectronics. Vol. 17, n. 11-12, pp. 1081-1087

Shyuan, L., Heng, L., Ahmad, M., Aziz, S., Ishak, Z. 2006. Screen-Printed Biosensor with Alkaline Phosphatase Immobilized in Sol–Gel/Chitosan Film for the Detection of 2,4-Dichlorophenoxyacetic Acid. Sensor Letters, Vol. 4, n. 1, pp. 17-21.

Situmorang, M., Gooding, J., Hibbert, D., y Barnett, D. 2001. Development of Potentiometric Biosensors Using Electrodeposited Polytyramine as the Enzyme Immobilization Matrix. Electroanalysis. Vol 13, n 18 , pp. 1469 - 1474

Skladal, P. 2003. Piezoelectric quartz crystal sensors applied for bioanalytical assays and characterization of affinity interactions. J. Braz. Chem. Soc., vol.14, n.4, pp.491-502.

Skladal, P., dos Santos Riccardi, C. Yamanaka, H., da Costa, P.2004. Piezoelectric biosensors for real-time monitoring of hybridization and detection of hepatitis C virus. J Virol Methods. Vol. 117.n.2.pp145-151.

Snopok, B., Kostyukevivh, K., Lysenko, S., Lytvyn, P., Lytvyn, O., Mamykin, S., Zynyo, S., Shepeliavyi, P., Kostyukevivh, S., Shirshov, Y., y Venger, E. 2001. Optical biosensors based on the surface plasmón resonance phenomenon: optimization of the metal layer parameters. Semiconductor Physics, Quantum Electronics and Optoelectronics. Vol 4, n.1 pp 56-69.

Song, J., Cheng, Q., Zhu, S., y Stevens, R. 2002. “Smart” materials for sensing devices: Cell-mimiking supramolecular assemblies and colorimetric detection of Pathogenic agents. Biomedical Microdevices, Vol 4:3, pp. 213-221.

Starodub, V., Nabok, A., Starodub, N., Torbicz, W. 2003. Nanostructured material and coatings for biomedical and sensor applications. Editado por Gogotsi, Y y Uvarova, I.Kluwer Academia Publishers. Netherlands

Svitel, J. Surugiu, I., Dzgoev, A., Ramanathan, K., y Danielsson, B. 2001. Functionalized surfaces for optical biosensors: Applications to in vitro pesticide residual analysis. Journal of Materials Science: Materials in Medicine. Vol. 12, n. 10-12 .pp.1075 – 1078.

Tamayo, J., Humphris, A., Malloy, A y Miles, M. 2001. Chemical sensors and biosensors in liquid environment based on microcantilevers with ampli®ed quality factor. Ultramicroscopy Vol. 86, pp. 160-167

Thomas, T., Myaing, M., Ye, J., Candido, K., Kotlyar, A., Velas, J., Cao, P., Keszler, B., Patri, A., Norris, T., y Baker, J. .2004. Detection and Analysis of Tumor Fluorescence Using a Two-Photon Optical Fiber Probe. Biophysical Journal Vol. 86 pp. 3959–3965.

Thust, M., Schöning, M., Frohnhoff, S., Arens-Fischer, R., Kordos, P y Lüth, H. 1996. Porous silicon as a substrate material for potentiometric biosensors. *Meas. Sci. Technol.* Vol. **7** pp. 26-29.

Tiensing, T., Strachan, N., y Paton, G.2002. Evaluation of interactive toxicity of chlorophenols in water and soil using lux-marked biosensors. J. Environ. Monit., Vol 4, pp. 482–489.

Tohda, K., y Gratzl, M. 2006. Microminiature Autonomous Optical Sensor Array for Monitoring Ions and Metabolites 1: Desing, Fabrication, and Data Analysis.Analytical Sciences. Vol 22. pp 383- 388.

Tünnemann, R., Mehlmann, M., Süssmuth, R., Bühler, B., Pelzer, S., Wohlleben, W., Fiedler, H., Wiesmüller, K., Gauglitz, G., y Jung, G., 2001. Optical Biosensors. Monitoring Studies of Glycopeptide Antibiotic Fermentation Using White Light Interference .Anal. Chem., 73 (17), pp. 4313 -4318.

van der Voort , D., McNeil, C., Renneberg, R., Korf, J., Hermens, W y Glatz, J. 2005. Biosensors: basic features and application for fatty acid-binding protein, an early plasma marker of myocardial injury . Sensors and Actuators B: Chemical Piet Bergveld Special Issue. Vol 105, n 1 , pp. 50-59.

Varfolomeyev, S., ,Kurochkin, I., Eremenko, A y Efremenko, E. 2002. Chemical and biological safety. Biosensors and nanotechnological methods for the detection and monitoring of chemical and biological agents. IUPAC. Pure Appl. Chem., Vol. 74, No. 12, pp. 2311–2316, 2002.

Vo-Dinh, T., Cullum, y B., Stokes, D. 2001. Nanosensors and biochips: frontiers in biomolecular diagnostics Sensors and Actuators B: Chemical Vol. 74, n 1-3 , pp. 2-11.

Wawro, D., Tibuleac, S., Magnusson, R y Liu, H. 2000. Optical fiber endface biosensor based on resonances in dielectric waveguide gratings. Proceedings of SPIE . Biomedical Diagnostic, Guidance, and Surgical-Assist Systems II. Vol. 3911. pp 86-94.

Yamaguchi, M., Kanemaru, M., Kanemori, T., y Mizuno, Y. 2003. Flow-injection-type biosensor system for salivary amylase activity. Biosensors and Bioelectronics.Vol. 18, n 5-6 , pp. 835-840.

Zabulla, S., Heng, L., y Ahmad, M. 2006. A formaldehyde biosensor based on potentiometric pH transducer immobilised enzyme Alcohol Oxidase. Malasian Journal of Chemistry. Vol, n. 1,pp 16-21.

Zhang, S., Wang, N., Yu, H., Niu, Y y Sun, C. 2005. Covalent attachment of glucosa oxidase to an Au electrode modified with gold nanoparticles for use as glucosa biosensor. Bioelectrochemistry. Vol. 67, n 1, pp. 15-22.

Zhang, Y y Tadigadapa, S. 2004. Calorimetric biosensors with integrated microfluidic channels. Biosensors and Bioelectronics .Vol 19, n 12, pp. 1733-1743

Zhong, X., Yuan, R., Chai, Y., Liu, Y., Dai, J., y Tang, D,2005, Glucosa biosensor based on self-assembled gold nanoparticles and double-layer 2d-network (3-mercaptopropyl)-trimethoxysilane polymer onto gold substrate. Sensors and Actuators B: Chemical Vol 104, n 2. pp. 191-198.

Ziegler, K. 2005. Developing implantable optical biosensors. Trends in Biotechnology Vol.23. n.9. pp 440- 444.

Made in the USA
Monee, IL
13 September 2026

63058229R00032